高职高专机械系列教材

工程机械柴油机构造与维修

GONGCHENG JIXIE CHAIYOUJI
GOUZAO YU WE XIU

◎主　编　杨仙云

◎副主编　陈红梅　肖　奔

◎参　编　刘文丽　周　婷　张顺宗

重庆大学出版社

内容提要

本书主要介绍了工程机械用柴油机的机械结构、管理系统、后处理系统以及常见的故障诊断与维修。教材内容立足于岗位需求，取材于企业的实际工作任务，主要包括 8 个学习任务：认识工程机械柴油机、检修柴油机曲柄连杆机构、检修柴油机配气机构、柴油机燃油供给系统结构与检修、检修柴油机冷却系统、检修柴油机润滑系统、检修柴油机管理系统、检修柴油机后处理系统。每个学习任务都是一个完整的工作过程，理论知识的选取紧紧围绕工作任务完成的需要来进行，均以适当的主题单元为载体，以完成课程培养目标，突出对学生职业能力的训练，同时又充分考虑了高等职业教育对理论知识学习的需要。

本书适合高职院校工程机械相关专业教学使用，也可供工程机械维修人员、操作人员、工程机械行业工程技术人员阅读参考。

图书在版编目(CIP)数据

工程机械柴油机构造与维修／杨仙云主编. -- 重庆：
重庆大学出版社，2025.5. --（高职高专机械系列教材
）. -- ISBN 978-7-5689-5322-1

Ⅰ. TK42

中国国家版本馆 CIP 数据核字第 2025T80J39 号

工程机械柴油机构造与维修
GONGCHENG JIXIE CHAIYOUJI GOUZAO YU WEIXIU

杨仙云　主　编

策划编辑：苟荟羽

责任编辑：谢　芳　　版式设计：苟荟羽
责任校对：刘志刚　　责任印制：张　策

＊

重庆大学出版社出版发行
社址：重庆市沙坪坝区大学城西路 21 号
邮编：401331
电话：(023)88617190　88617185(中小学)
传真：(023)88617186　88617166
网址：http://www.cqup.com.cn
邮箱：fxk@cqup.com.cn(营销中心)
全国新华书店经销
重庆新生代彩印技术有限公司印刷

＊

开本：787mm×1092mm　1/16　印张：11.5　字数：292 千
2025 年 5 月第 1 版　　2025 年 5 月第 1 次印刷
ISBN 978-7-5689-5322-1　定价：39.00 元

QIANYAN 前　言

　　工程机械作为现代化施工的重要装备,其需求量和技术水平不断提升。柴油机作为动力部分,是工程机械的"心脏",其性能直接影响着整机的工作效率、可靠性、经济性和环保性。因此,掌握柴油机的结构原理、故障诊断与维修技术,对提高工程机械的使用效率,延长其使用寿命,降低使用成本具有重要意义。

　　本书以培养高素质技术技能人才为目标,以工程机械用柴油机典型结构为主线,以故障诊断与维修为核心,系统介绍了柴油机的结构原理、常见故障诊断方法、维修工艺等内容。本书在组织编写过程中,选材注重新技术、新标准、新工艺,同时结合工程机械类专业就业岗位群及学生综合素质提升的要求,遵循学生的认知规律,以实际应用情境案例为引子,激发学生的学习兴趣,明确学习目标,并通过价值引领融入"课程思政"元素,课后任务采取开放式题型,注重培养学生的"树状思维",最大程度地调动学生的自主学习积极性,实现全方位育人理念。

　　本书由云南交通职业技术学院的杨仙云担任主编并统稿,陈红梅、肖奔担任副主编,参与编写的还有云南交通职业技术学院的刘文丽、周婷,云南省汽车行业协会第二届专家委员会"商用车分会技术专家委员会"副主任张顺宗。具体分工为:杨仙云编写学习任务一、四,陈红梅编写学习任务二、三,周婷编写学习任务五,刘文丽编写学习任务六,张顺宗编写学习任务七,肖奔编写学习任务八。

　　本书获云南省教育厅科学研究基金项目资助(项目编号:2025J1432),在编写过程中参考了相关的国内外技术资料,得到了许多同行的大力支持,在此谨向所有参考资料的作者及关心支持本书编写的同志们表示感谢。由于编者水平有限,编写时间仓促,不妥之处在所难免,敬请读者批评指正。

编　者

2025 年 4 月

学习任务一

认识工程机械柴油机

◎ 相关应用场景讨论

情境一：A客户来到某品牌工程机械销售租赁公司购买一台挖掘机，在了解挖掘机的过程中询问该挖掘机的发动机的有关具体情况，如果你是工程机械销售人员，该如何向A客户介绍该挖掘机的发动机的结构、组成、工作原理、主要性能指标？如何通过发动机铭牌引导A客户了解该发动机？

情境二：公司刚进购一批采用新款柴油机作为动力装置的装载机，如果你是工程机械售后维修人员，为了应对后续售后维修，该从哪些方面去了解该新款柴油机的结构、组成和工作原理？

◎ 知识目标

1. 掌握柴油机的结构、专业术语和工作原理；
2. 熟悉柴油机型号的编制规则；
3. 掌握发动机的主要性能指标。

◎ 技能目标

能够使用专业词汇解释柴油机铭牌并介绍柴油机的基本结构和工作原理。

◎ 价值引领

弘扬工匠精神，树立职业理想：从早期低效的机械式到现代高效环保的高压共轨式，柴油机的进步体现了科技创新的力量，我们要时刻关注前沿科技，勇于探索，树立职业理想。

学习活动一　柴油机的结构和工作原理

学习过程

一、柴油机的结构

内燃机将燃料的化学能转化为机械能,一般的实现方式为燃料与空气混合燃烧,产生热能,气体受热膨胀,通过机械装置转化为机械能对外做功。根据燃料不同,常见的内燃机有汽油机、柴油机、天然气(CNG)机、天然气-汽油机、煤气-汽油机等类型。由于机械式柴油机已被淘汰,目前绝大部分工程机械以电控柴油机作为动力装置。本书主要介绍电控柴油机。

电控柴油机外形如图 1.1 所示。不同型号的柴油机虽然结构有所差异,但基本组成是一样的,就总体结构而言,基本上都是由机体组件和曲柄连杆机构、配气机构、燃油供给系统、润滑系统、冷却系统、起动系统及管理系统组成。

图 1.1　电控柴油机外形

1.机体组件和曲柄连杆机构

机体组件由机体(含曲轴箱)、气缸盖、气缸套等零部件组成,柴油机的运动件和辅助系统全都支承并安装在其上。曲柄连杆机构是往复活塞式柴油机实现能量转换的主要机构,由活塞连杆组、曲轴飞轮组组成,其作用是将活塞的往复运动转化为曲轴的旋转运动,从而实现热能向机械能的转化。

2.配气机构

配气机构由气门组和气门传动组组成,并与进气、排气系统一起构成柴油机的配气系统。其作用是按照发动机各缸的工作顺序和每一缸工作循环的要求,定时将各缸进气门与排气门打开、关闭,以便发动机进行换气过程。

3.燃油供给系统

柴油机的燃油供给系统一般由低压油路、高压油路、回油油路组成。它的功用是将一定量的清洁柴油,依据柴油机负荷大小并按照一定的工作次序,在一定的时间内以高压和良好的雾状喷入气缸内燃烧。

4. 润滑系统

润滑系统是将清洁的润滑油以一定的压力不间断地送入发动机各摩擦表面,以减少摩擦阻力和零件的磨损,并带走摩擦时所产生的热量和金属屑,保证发动机长期可靠地工作。润滑系统主要由机油泵、机油滤清器、机油冷却器以及油路、油底壳和限压阀等构成。

5. 冷却系统

冷却系统主要由水泵、散热器、节温装置和管路等组成,其任务是对柴油机高温件进行适当的冷却,以保证正常的工作温度,这也是保证内燃机长期可靠工作的必要条件之一。冷却系统有水冷式和风冷式两种,柴油机多用水冷式。

6. 起动系统

起动系统主要由起动机及其附属装置构成,其作用是使静止的内燃机起动并转入自行运转。不同的起动设备有不同的起动方式,包括电起动、压缩空气起动等。

7. 管理系统

电控柴油机管理系统由输入装置、控制单元(ECU 或 ECM)和输出装置三部分组成。各部分通过线束、插头连接。电控发动机通过管理系统来控制和协调发动机的工作,ECU 类似于人的大脑,位于整个发动机控制系统的核心位置。它通过各种输入元件来实时监测发动机的各种运行参数和操作者的控制指令,再通过处理器向相应的输出元件(如喷油器)发出指令来实现对发动机的喷油时间和喷油数量的精确控制,以达到降低排放和提高动力及燃油经济性的目的。

二、柴油机的工作原理

1. 关于发动机的基本术语

关于发动机的基本术语如图 1.2 所示。

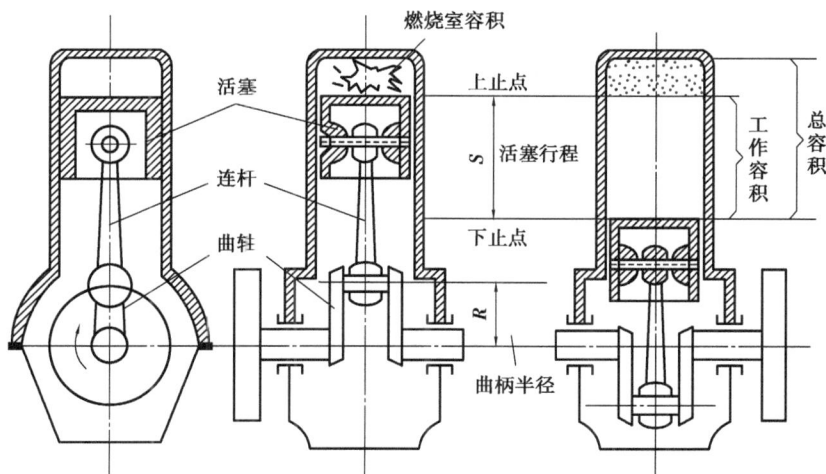

图 1.2　发动机基本术语示意图

1)上止点

上止点是指活塞顶位于其运动的顶部时的位置,即活塞的最高位置。

2）下止点

下止点是指活塞顶位于其运动的底部时的位置，即活塞的最低位置。

3）活塞行程

活塞行程是指上止点与下止点间的距离，用 S 表示，单位为 mm。活塞由一个止点运动到另一个止点一次的过程，称为一个冲程。

4）曲柄半径

曲柄半径是指与连杆大头相连接的曲柄销的中心线到曲轴回转中心线的距离，用 R 表示，单位为 mm。曲轴每转一周，活塞移动两个行程，即

$$S = 2R$$

5）气缸工作容积

气缸工作容积是指活塞从一个止点移动到另一个止点所扫过的容积，用 V_h 表示，单位为 L。计算公式为

$$V_h = \frac{\pi D^2}{4 \times 10^6} S$$

式中　V_h——气缸工作容积，L；

　　　D——气缸直径，mm；

　　　S——活塞行程，mm。

6）燃烧室容积

燃烧室容积是指活塞位于上止点时，活塞顶上方的气缸空间容积，用 V_c 表示，单位为 L。

7）气缸总容积

气缸总容积是指活塞位于下止点时，活塞顶上方的气缸空间容积，用 V_a 表示，单位为 L，显然有

$$V_a = V_c + V_h$$

8）发动机排量

发动机排量是指发动机所有气缸工作容积之和，用 V_L 表示，单位为 L。对于多缸发动机，显然有

$$V_L = i V_h$$

式中　i——发动机气缸数。

9）压缩比

压缩比是指气缸总容积与燃烧室容积之比，用 ε 表示。

$$\varepsilon = \frac{V_a}{V_c} = \frac{V_h + V_c}{V_c} = 1 + \frac{V_h}{V_c}$$

压缩比用来衡量空气或者混合气体被压缩的程度，它影响发动机的热效率。一般情况下，汽油机的压缩比为 8～12，柴油机的压缩比较高，为 14～25。

10）工作循环

四冲程发动机将热能转变为机械能的过程，是通过进气、压缩、做功、排气 4 个行程来实现的，每完成一次这样的连续过程称为发动机的一个工作循环。

2. 四冲程柴油机的工作原理

曲轴转两圈（720°），活塞往复运动 4 次完成一个工作循环的柴油机称为四冲程柴油机。

工程机械用柴油机多为四冲程。单缸四冲程柴油机工作循环示意图如图1.3所示。

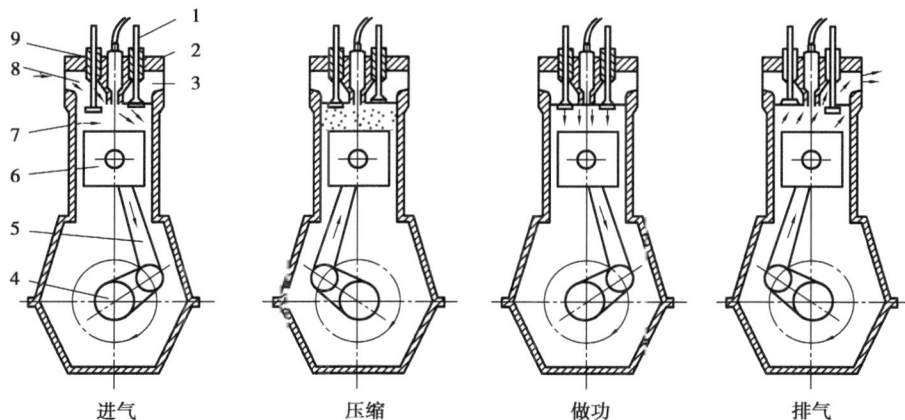

图1.3　四冲程柴油机工作循环示意图

1—排气门;2—喷油器;3—排气管;4—曲轴;5—连杆;6—活塞;7—气缸;8—进气管;9—进气门

1)进气行程

曲轴转动,活塞由上止点向下止点移动。此时进气门开启,排气门关闭,由于气缸容积逐渐增大,新鲜空气在气缸内外压力差的作用下被吸入气缸内。当活塞移到下止点时,进气门关闭,进气冲程终了。进气行程终了的压力为0.075~0.095 MPa,温度为320~350 K。

2)压缩行程

曲轴继续转动,活塞由下止点向上止点移动。此时由于进气门、排气门均关闭,气缸容积不断缩小,受压缩气体的温度和压力不断升高,当活塞移动到上止点时,压缩冲程结束。柴油机的压缩比大,压缩终了的压力和温度较高,压力可达3~5 MPa,温度可达800~1 000 K。

3)做功行程

当压缩冲程接近结束时,由喷油器向燃烧室喷入一定量的高压雾化柴油。雾化柴油遇到高温、高压的空气后,边混合边蒸发,迅速形成可燃混合气并自行着火燃烧。做功行程中,瞬时压力可达5~10 MPa,瞬时温度可达1 800~2 200 K,气体受热膨胀推动活塞由上止点迅速向下止点移动,并通过连杆迫使曲轴旋转而产生动力,此冲程为做功冲程。做功行程终了时压力为0.2~0.4 MPa,温度为1 200~1 500 K。

4)排气行程

做功行程终了时,气缸内充满废气。由于飞轮的惯性,曲轴继续旋转,推动活塞又从下止点向上止点移动。在此期间,排气门打开,进气门仍关闭。由于做功后的废气压力高于外界大气压力,废气在气缸内外压力差及活塞的排挤作用下,经排气门迅速排出气缸外。当活塞移到上止点时,排气冲程结束。排气行程终了时的气缸压力为0.105~0.125 MPa,温度为800~1 000 K。

综上所述,四冲程柴油机完成一个工作循环,曲轴对外输出一次动力。周而复始,发动机则连续工作。

任务实施

结合所学,查找相关资料,分小组分析柴油机与汽油机在结构组成和工作原理方面的不同,完成下表。

序　号	名　　称	结构组成	工作原理
1	柴油机		
2	汽油机		

学习活动二　柴油机类型、性能指标以及型号

学习过程

一、工程机械柴油机的类型

目前,工程机械柴油机的类型按照柴油机本身的特点分类如下:

1. 按气缸布置方式划分

发动机气缸布置方式包括直列型(L形)、V形、水平对置型(H形)、X形等。常见的工程机械柴油机的气缸布置方式有直列型(L形)和V形,如图1.4所示。

（a）直列型(L形)发动机　　　　　　　　　　（b）V形发动机

图1.4　按气缸布置方式分类

2. 按标定功率大小划分

根据工程机械不同负荷率的要求,按工程机械大、中、小型使用范围,分大功率、中功率、小功率柴油机。

3. 按进气方式划分

柴油机进气有自然吸气和增压两种方式。随着柴油机技术的发展,采用废气涡轮增压技术,能较大地提高功率,改善经济性,减少有害气体排放,有利于高原地区功率补偿等。目前我国自然吸气型柴油机主要用于小型工程机械;中型、大型工程机械大多采用涡轮增压和增压中冷技术的柴油机作为配套动力装置。

4. 按冷却方式划分

目前,我国中等功率工程机械柴油机的冷却方式有风冷和水冷两种。风冷发动机更适合在缺水、气温变化大的沙漠及高原地区使用;水冷发动机使用可靠,冷却效果好,工艺简单,是目前工程机械柴油机的主流形式。目前工程机械柴油机最常见的为增压中冷柴油机。

二、柴油机的性能指标

柴油机的性能指标是评价柴油机性能优劣的依据。柴油机性能指标有两种:指示指标和有效指标。在实际生产和使用中,评价发动机性能好坏,以及评价发动机维修质量好坏,都使用有效指标。有效指标是指以发动机曲轴对外输出功率为基础的指标。柴油机最重要的有效指标包括动力性指标和经济性指标。动力性指标显示了发动机对外输出实际能被利用的功的大小,其经济性指标则显示了燃料的热能有多少转为能被利用的有效功。

1. 动力性指标

1)有效功率

柴油机曲轴输出的功率称为有效功率,用 N_e 表示,单位为 kW,由柴油机台架试验得出。

2)有效转矩

柴油机曲轴输出的转矩称为有效转矩,用 M_e 表示,单位为 N·m,它与有效功率 N_e 的关系为

$$M_e = \frac{9\,550N_e}{n}$$

式中　n——柴油机转速,r/min。

3)平均有效压力

柴油机单位气缸工作容积输出的有效功称为平均有效压力,用 p_e 表示,单位为 kPa。四冲程柴油机的平均有效压力的表达式为

$$p_e = \frac{120N_e}{V_h in}$$

式中　V_h——气缸工作容积,L;

　　　i——发动机气缸数;

　　　n——柴油机转速,r/min。

柴油机的有效功率、有效转矩、平均有效压力越大,动力性越好。

2. 经济性指标

1) 有效燃料消耗率

有效燃料消耗率是单位有效功的耗油量,用 g_e 表示。通常以每千瓦小时有效功率的耗油量表示,以 $g/(kW \cdot h)$ 为单位。有效燃料消耗率按下式计算:

$$g_e = \frac{G_T}{N_e} \times 10^3$$

式中 G_T——柴油机每小时耗油量,kg/h;

　　 N_e——柴油机的有效功率,kW。

2) 有效热效率

有效热效率是柴油机实际循环的有效功与所消耗燃料的热量之比,用 η_e 表示。

$$\eta_e = \frac{W_e}{Q_1}$$

式中 Q_1——得到有效功所消耗的热量,kJ;

　　 W_e——柴油机的有效功,kJ。

柴油机有效燃料消耗率越小、有效热效率越高,经济性越好。

三、识别柴油机的型号

1. 国家标准柴油机型号编制规则与识别

为了便于设计、制造、销售、管理和使用,必须给出柴油机正式的名称和型号。我国对柴油机的型号编制方法作了统一规定(GB/T 725—2008),柴油机的型号由 4 部分组成,如图 1.5 所示。

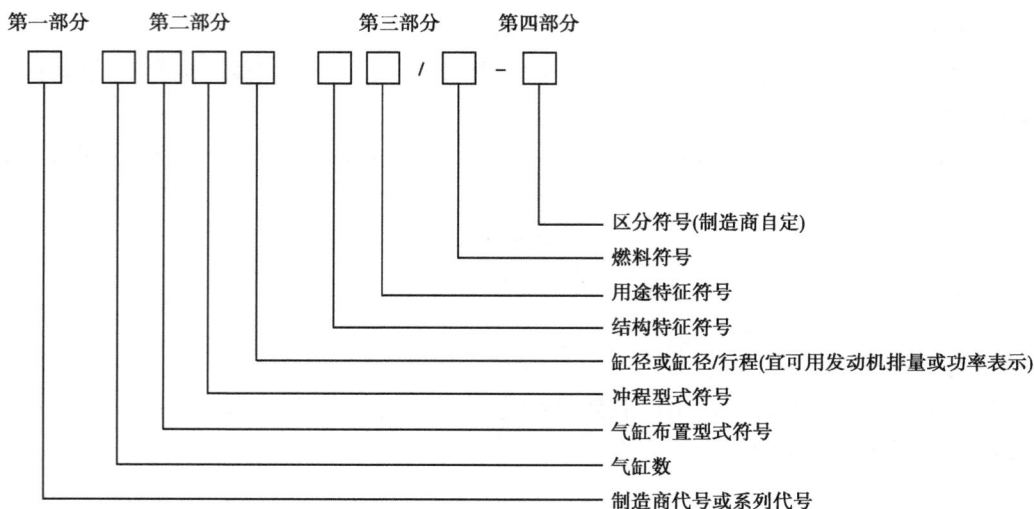

图 1.5　国家标准柴油机型号编制方法(GB/T 725—2008)

第一部分:由制造商代号或系列代号组成。本部分代号由制造商根据需要选择相应的 1~3 个字母表示。

第二部分:由气缸数、气缸布置型式符号、冲程型式符号、缸径符号组成。

①气缸数:用 1~2 位数字表示。按照我国相关标准,柴油机气缸的编号与转向的规定是从曲轴减振器端,即自由端起为第一缸;由功率输出端即飞轮端朝向自由端判断转向。本书中前端指柴油机的自由端,后端指柴油机功率输出端。

②气缸布置型式符号见表 1.1。

表 1.1　气缸布置型式符号

符　号	含　义
无符号	多缸直列及单缸
V、H、X、P	V 形、H 形、X 形、卧式

③冲程型式符号:四冲程符号省略,二冲程用字母 E 表示。

④缸径符号:一般用缸径或缸径/行程数字表示,也可用发动机排量或功率表示。单位由制造商自定。

第三部分:由结构特征符号、用途特征符号组成,详见表 1.2、表 1.3;若无燃料符号,则为柴油,P 为汽油,其余燃料符号请查阅 GB/T 725—2008 的附录 A。

表 1.2　结构特征符号

符　号	含　义
无符号	水冷
F、N、S	风冷、凝气冷却、十字头式
Z、ZL、DZ	增压、增压中冷、可倒转

表 1.3　用途特征符号

符　号	含　义
无符号	通用型及固定动力(或制造商自定)
T、M、G、Q、J、D	拖拉机、摩托车、工程机械、汽车、铁路机械、发电机组
C、CZ	船用主机右机基本型、船用主机左机基本型
Y、L	农用三轮车(或其他农用车)、林业机械

第四部分:区分符号。同系列产品需要区分时,允许制造商选用适当的符号表示。

第三部分与第四部分可用"-"分隔。

2. 柴油机型号识别举例

1)国家标准命名柴油机型号识别

①YZ6102Q——YZ 为扬州柴油机厂代号,六缸直列、四冲程、缸径 102 mm、水冷、汽车用。

②6135——6 缸、直列、四冲程、缸径 135 mm、水冷、通用型柴油机。

③12V135ZG——12 缸、V 形、四冲程、缸径 135 mm、水冷、增压、工程机械用。

2)潍柴柴油机型号编制规则与识别

潍柴动力是中国较早成立的发动机制造商,一直是中国工程机械行业的主要动力供应商之一。潍柴柴油机型号的含义如图1.6所示。

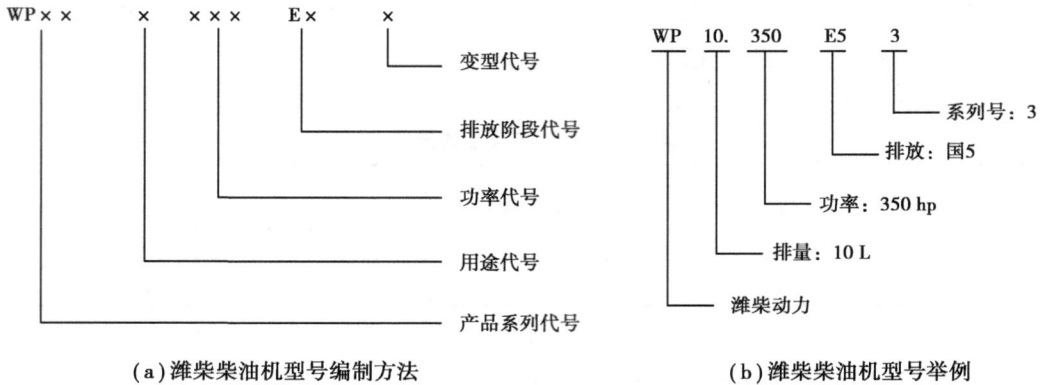

（a）潍柴柴油机型号编制方法   （b）潍柴柴油机型号举例

图1.6 潍柴柴油机型号

任务实施

任务一：作为某工程机械销售租赁公司销售人员，你将如何向前来购买工程机械的客户准确介绍该工程机械发动机的性能指标？查找资料并举例说明。

工程机械品牌型号	发动机铭牌	性能指标

任务二：根据任务一中的"发动机铭牌"解释该发动机型号的含义。

学习效果测评

学习任务二

检修柴油机曲柄连杆机构

◎ 相关应用场景讨论

发动机运转正常,但若出现排气管总是冒蓝烟的故障现象,其原因可能是机油进入燃烧室,出现烧机油的情况。而机油来源有多个方面:气缸磨损过甚,油底壳机油窜入燃烧室;活塞环磨损过甚,弹力不足,密封不良;扭曲环方向装反;空气滤清器内油面过高;气门杆与气门导杆磨损,配合间隙过大或者气门油封损坏;废气涡轮增压器油封漏油。以上几个原因,前三个均与曲柄连杆机构有关。如果你是工程机械维修人员,如何诊断并排除该故障呢?

◎ 知识目标

1. 掌握曲柄连杆机构的构造及各组成部分的功用;
2. 熟悉曲柄连杆机构的受力情况;
3. 掌握发动机的工作循环表。

◎ 技能目标

1. 能正确判断烧机油故障的原因;
2. 能正确使用工具拆装曲柄连杆机构并进行检验和修理;
3. 能够完成适当的职场文件,记录所实施检修的结果。

◎ 价值引领

1. 精益求精:曲轴轴颈、气缸磨损程度、活塞环三隙以及其他测量项目的精度要求,无一不体现出精益求精的工匠精神。
2. 团队协作与职业素养:实训过程中加强小组协作,遵守安全规范和操作规程,强化安全意识和责任感。

学习活动一　曲柄连杆机构概述

学习过程

一、曲柄连杆机构的功用与组成

1. 曲柄连杆机构的功用

曲柄连杆机构是发动机的一个非常重要的受力机构和运动部件,它的功用是将燃料燃烧的热能转变为活塞往复运动的机械能,使曲轴作旋转运动并对外输出动力。

2. 曲柄连杆机构的组成(图2.1)

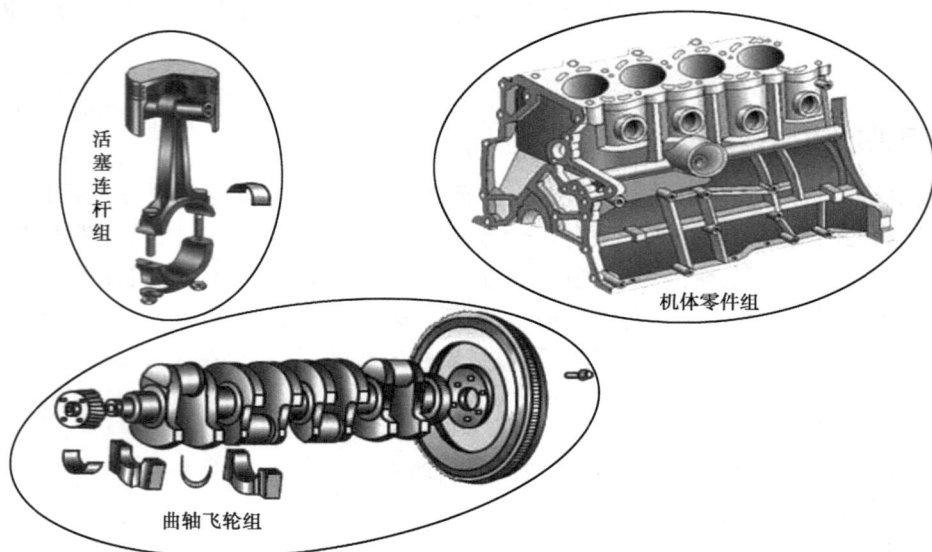

活塞连杆组

机体零件组

曲轴飞轮组

图2.1　曲柄连杆机构的组成

曲柄连杆机构主要由机体组、活塞连杆组和曲轴飞轮组3部分组成。

①机体组主要包括气缸体、曲轴箱、气缸盖、气缸套和气缸垫等不动件。

②活塞连杆组主要包括活塞、活塞环、活塞销和连杆等运动件。

③曲轴飞轮组主要包括曲轴和飞轮等机件。

二、曲柄连杆机构的工作条件与受力分析

1. 曲柄连杆机构的工作条件

①高温:2 500 K以上。

②高压:最高压力可达5~9 MPa。

③高速:最高转速可达4 000~6 000 r/min。

④有化学腐蚀:与可燃混合气和燃烧废气接触。

2.曲柄连杆机构的受力分析

1）气体压力

做功行程与压缩行程气体压力较大,因此仅重点分析这两个行程的气体压力。图2.2所示为气体压力作用示意图。

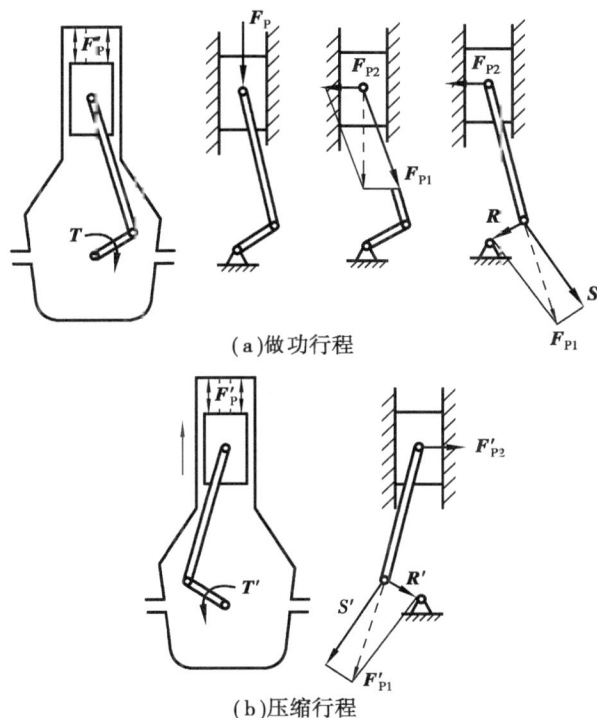

（a）做功行程

（b）压缩行程

图2.2　气体压力作用示意图

气体压力作用结果:

①在曲轴的一个工作循环（两周）中,仅在半周（一个行程）内有变化的驱动力矩 T 的作用,故运转不平稳。

②侧压力 F_{p2} 和 F'_{p2} 使活塞及气缸内壁磨损不均匀（在发动机的左右方向 S 上产生）。

③呈周期性变化的 S、F_{t1} 作用使曲轴轴颈和连杆轴颈磨损不均匀。

2）往复惯性力与离心力

图2.3所示为往复惯性力和离心力作用示意图。

往复惯性力作用结果:

①水平旋转惯性力使整机左右振动;

②垂直旋转惯性力使整机上下振动;

③使曲轴主轴颈与连杆轴颈承受周期性的附加载荷。

3）摩擦力

曲柄连杆机构中互相接触的表面做相对运动时都存在摩擦力。摩擦力的存在是造成配合表面磨损的根源。

上述各种力作用在曲柄连杆机构的各有关零件上,使它们受到拉伸、压缩、弯曲和扭转等不同形式的负荷。为了保证工作可靠,减少磨损,减轻振动,在结构上应采取相应的措施。

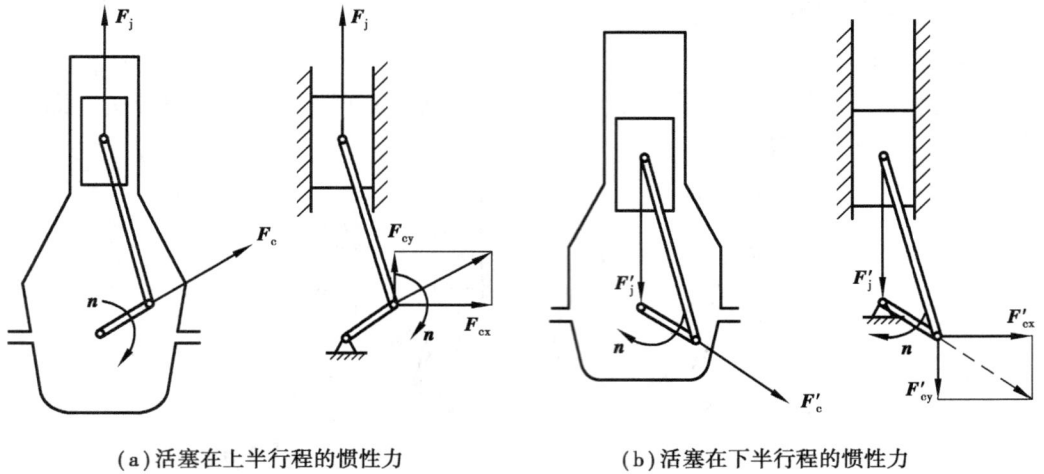

（a）活塞在上半行程的惯性力　　　　　　　　（b）活塞在下半行程的惯性力

图2.3　往复惯性力和离心力作用示意图

①安装飞轮及减振器；

②各缸按一定间隔角错开做功[间隔角=720°/i（i为缸数）]；

③尽量避免相邻两缸接连做功，使曲轴受力条件改善，且可平衡往复惯性力及力矩。

任务实施

结合所学，查找相关资料，写出组成柴油机曲柄连杆机构的各部件的零件名称、各部件的连接关系及功用。

组成部件	主要零件名称	各部件的连接关系	功用
机体组			
活塞连杆组			
曲轴飞轮组			

学习活动二　机体组的构造与维修

一、机体组的构造

机体组包括气缸盖罩、气缸盖、气缸垫、气缸套、机体(气缸体/曲轴箱)和油底壳等,如图2.4所示。

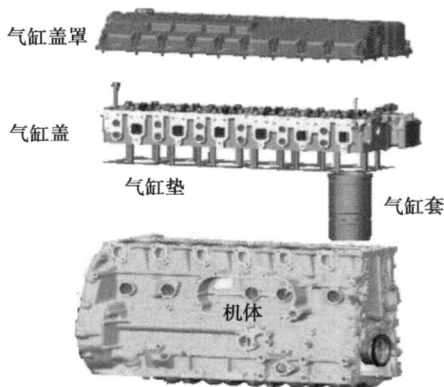

图 2.4　发动机机体组构造

图 2.5　发动机的气缸体与曲轴箱

1.机体

现代柴油机的机体包括气缸体与曲轴箱两部分。气缸体是气缸的壳体,曲轴箱是支撑曲轴做旋转运动的壳体(图2.5)。机体是发动机各个机构和系统的装配基体,由它保持发动机各运动件相互之间的准确位置关系。

气缸体的结构有整体式和分体式两种。整体式是将气缸体与曲轴箱铸成一体,总称为气缸体,通常用于水冷式发动机。分体式是将气缸体与上曲轴箱分开铸造,再用螺栓连接起来,多用于风冷式发动机。

2.气缸与气缸套

1)气缸

气缸体内引导活塞做往复运动的圆柱形空腔称为气缸。气缸工作表面承受燃气的高温、高压作用,且活塞在其中做高速运动,因此要求其耐高温、耐高压、耐磨损、耐腐蚀。气缸体一般采用优质灰铸铁制造,有时在灰铸铁中加入少量合金元素,以提高其耐磨性,有些气缸采用表面淬火和镀铬等表面处理方式。气缸的排列形式有直列式、V式和对置式,如图2.6所示。

2)气缸套

如果气缸体全部采用优质耐磨材料,则成本太高,因为除了与活塞配合的气缸壁表面,其他部分对耐磨性要求并不高,所以现代工程机械柴油机通常在气缸体内镶入气缸套,形成气缸工作表面。这样,气缸套可用耐磨性较好的合金铸铁或合金钢制造,而气缸体则用价格较低的普通铸铁或铝合金等材料制造。

(a)直列式(单列式)　　　　(b)V式　　　　　　　　(c)对置式

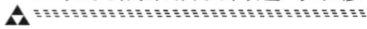

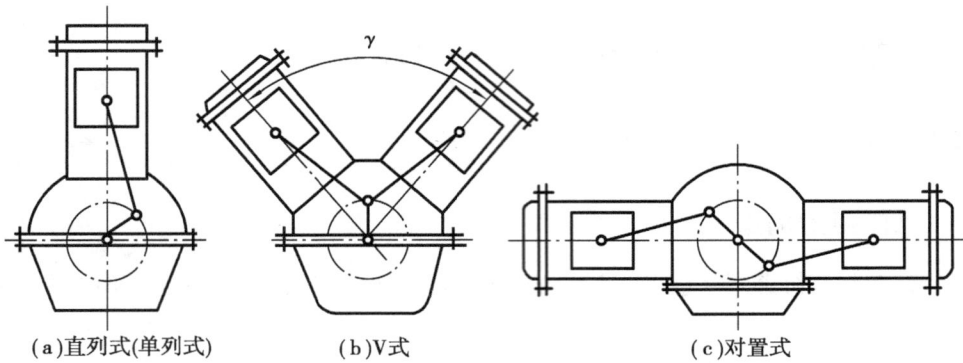

图 2.6　多缸发动机气缸排列形式

气缸套分为干式气缸套和湿式气缸套两种,如图 2.7 所示。

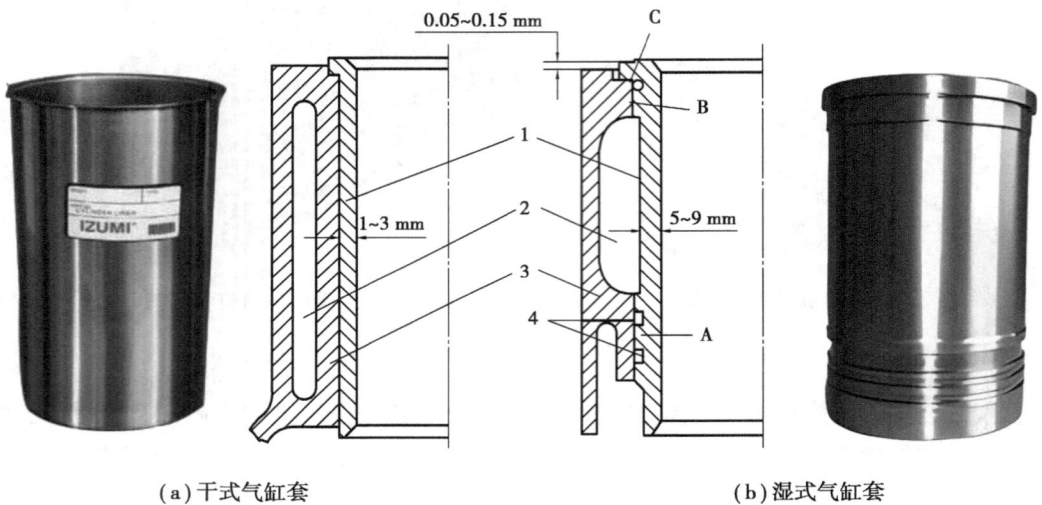

(a)干式气缸套　　　　　　　　　　(b)湿式气缸套

图 2.7　气缸套

A—下支承密封带;B—上支承定位带;C—气缸套凸缘平面;

1—气缸套;2—水套;3—气缸体;4—橡胶密封圈

①干式气缸套:如图 2.7(a)所示,外表面不直接与冷却水接触,壁厚一般为 1 ～ 3 mm。为了获得与气缸体间足够的实际接触面积,保证气缸套的散热和定位,气缸套的外表面和与其配合的气缸体支承孔的内表面都有一定的加工精度,二者一般采用过盈配合。干式气缸套具有不易漏水漏气、气缸体结构刚度大、气缸心距小、气缸体质量轻的优点。但与湿式气缸套相比,其冷却强度较低。

②湿式气缸套:如图 2.7(b)所示,外表面与冷却水直接接触,壁厚一般为 5 ～ 9 mm。湿式气缸套的外表面有保证径向定位的上支撑定位带和下支撑密封带,气缸套的轴向定位是利用上端的凸缘实现的,上、下支撑密封带常装有 1 ～ 3 道耐热、耐油橡胶密封圈来密封水。湿式气缸套的优点是气缸体上没有封闭的水套,铸造较容易,又便于修理更换,且散热效果较好。但气缸体的刚度差,易产生穴蚀,易漏气、漏水。

16

3．气缸盖与气缸垫

1）气缸盖

气缸盖的主要功用是封闭气缸上部并与气缸和活塞顶部共同构成燃烧室。气缸盖内设有冷却水套，其端面上的冷却水孔与气缸体上的冷却水孔相通，以利用循环水冷却燃烧室等高温部分。

气缸盖形状复杂，一般都采用灰铸铁或合金铸铁铸造，有单缸一盖（多用于风冷式发动机）、双缸一盖、三缸一盖、整机一盖4种形式，图2.8所示为整体式和单缸一盖式。

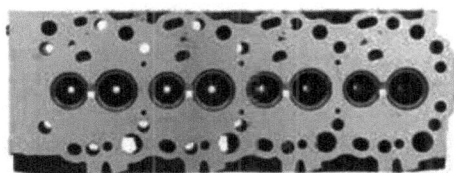

（a）整体式　　　　　　　　　　　　（b）单缸一盖式

图2.8　气缸盖形式

2）气缸垫

①作用：密封（防止燃气、冷却水、润滑油发生窜漏）。

②材料：目前应用最广泛的是金属—石棉气缸垫。

③安装：光滑面朝缸体，机油孔、水套孔与气缸体和气缸盖对正。

4．曲轴箱（图2.9）

1）平分式

曲轴轴线与气缸体下平面在同一平面上的为平分式。这种结构便于加工，但刚度小，且前后端呈半圆形，与油底壳接合面的密封较困难，多用于中小型发动机。

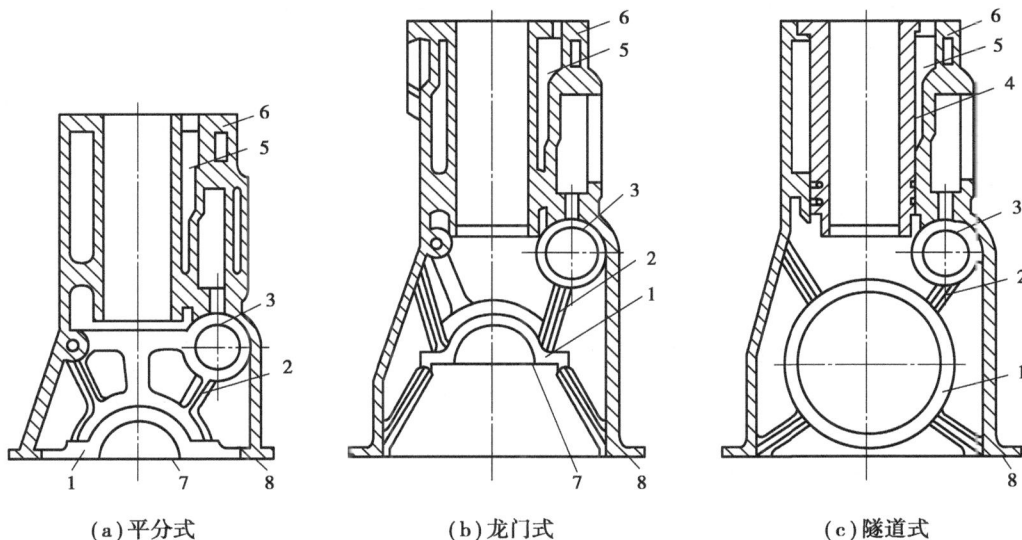

（a）平分式　　　　　　　（b）龙门式　　　　　　　（c）隧道式

图2.9　曲轴箱的基本结构形式

1—主轴承座；2—加强筋；3—凸轮轴孔；4—湿缸套；5—水套；6—气缸体；7—主轴承盖安装面；8—油底壳接合面

2）龙门式

曲轴轴线高于气缸体下平面的为龙门式。这种结构刚度较高,且下曲轴箱前后端为同一平面,其密封简单可靠,维修方便,但工艺性较差。大中型发动机广泛采用龙门式。

3）隧道式

这种形式的主轴承座孔不分开,其结构刚度最大,主轴承同轴度易得到保证,但拆装较困难。隧道式曲轴箱多用于机械负荷较大、采用滚动主轴承的发动机。

5.油底壳(图2.10)

油底壳也称为下曲轴箱,其主要作用是存储机油并密封上曲轴箱。油底壳采用钢板冲压而成或用铝合金铸造而成,有利于散热。

图2.10　油底壳形式

二、机体组的检修

1.气缸体与气缸盖的磨耗

气缸体与气缸盖的主要磨耗形式有裂纹、变形和磨损等。

①裂纹。气缸盖的裂纹多发生在进、排气门座之间的过梁处,这是由于气门座或气门导管配合过盈量过大或镶换工艺不当所引起的。

②变形。气缸体的变形破坏了零件的正确几何形状,影响发动机的装配质量和工作能力。

③磨损。引起发动机技术状况变坏的因素很多,但气缸磨损程度是决定发动机是否需要大修的主要依据。

气缸正常的磨损特点是不均匀磨损:在气缸轴线方向呈上大下小的不规则锥形磨损,最大磨损部位在第一道活塞环上止点稍下的位置;在断面上的磨损呈不规则的椭圆形,磨损最大部位往往随气缸结构、使用条件的不同而异,一般是前后或左右方向磨损最大。

2.气缸体与气缸盖的检修

1）气缸体与气缸盖裂纹的检修

①气缸体与气缸盖裂纹的检测方法。通常采用水压实验法:将气缸盖及气缸衬垫装在气缸体上,将水压机出水管接头与气缸前端水泵入水口连接好,堵住其他水道口,然后将水压入水套,在300～400 kPa的压力下保持5 min,气缸体和气缸盖应无渗漏。若气缸体和气缸盖由里向外有水珠渗出,则表明该处有裂纹。

②气缸体与气缸盖裂纹的修理。对曲轴箱等应力大的部位的裂纹采取加热与焊接方式进行修理,对水套及应力小的部位的裂纹可采用胶粘修复。

2）气缸体与气缸盖变形的检修

①气缸体与气缸盖变形的检测方法。气缸体、气缸盖平面度的检测,多采用刀形平尺和厚薄规进行。利用等于或略大于被检测平面全长的刀形平尺,沿气缸体或气缸盖平面的纵

向、横向和对角线方向多处进行测量,求得其平面度误差,如图 2.11 所示。

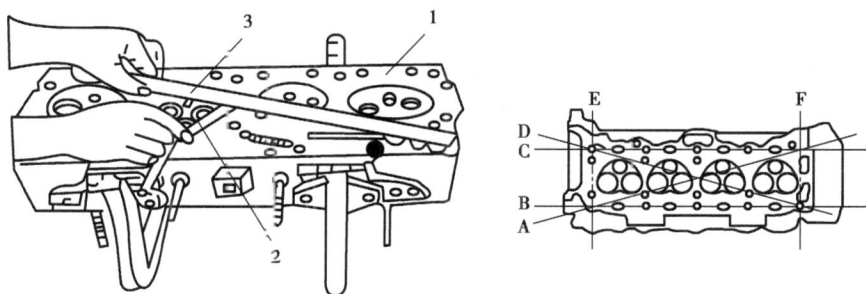

图 2.11　气缸体与气缸盖平面度的检测
1—气缸盖;2—厚薄规;3—刀形样板尺;A,D—对角线方向;B,C—纵向,E,F—横向

②检测标准。气缸体与气缸盖接合平面的平面度应符合维修手册要求;用高度规检查气缸两端的高度,以确定气缸体上下平面的平行度。

③气缸体与气缸盖变形的修理。气缸盖可根据情况采用磨削等方法予以修平,气缸体平面局部不平,可用铲削的方法修平;平面变形较大时,可采用平面磨床进行磨削加工修理。

3)气缸磨损的检验

使用量缸表测量气缸的磨损程度是确定发动机技术状况的重要手段。通过气缸的磨损测量,可以确定气缸磨损后的圆度、圆柱度误差。根据气缸的磨损程度,确定修理尺寸以及确定发动机是否需要进行大修(分别横向、纵向测量如图 2.12 所示 3 个位置的缸径,共 6 个数值)。

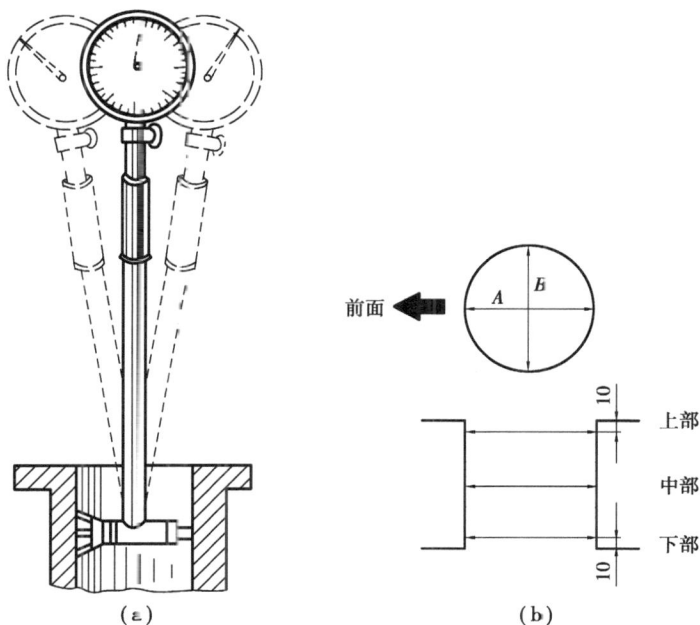

图 2.12　气缸磨损量测量

计算以下参数:
①最大磨损量:最大测量直径与标准直径之差;
②圆度误差:各个横截面上最大、最小的直径差之半的最大值;

③圆柱度误差:3 个横截面上的最大、最小的直径差之半。

4)气缸的修理

①修理尺寸法。气缸磨损后,其圆度或圆柱度误差超过允许限度时,对磨损的气缸进行机械加工,使其通过尺寸的改变,恢复气缸正确的几何形状和配合性质,这种方法叫作修理尺寸法,改变后的尺寸叫作修理尺寸。修理尺寸的特点:一是必须系列化、标准化,满足零件互换性的要求;二是对零件的结构、强度等无影响;三是必须保证能恢复原设计要求或技术标准规定的配合性质和技术状况。

②镶套修复法。发动机零件在使用中,有些只是局部磨损或损伤,当其结构和强度允许时,将其磨损部位通过机械加工缩小(轴类零件)或扩大(孔类零件)至一定的尺寸,然后用过盈配合的方法镶入一个套,使零件恢复基本尺寸。这种修理工艺称为镶套修复法。

5)气缸盖的拆装及气缸垫的安装

(1)气缸盖的拆装

为了保证气缸的密封,避免其变形,气缸盖的拆装操作应遵循一定的要求,在拆装时应注意如下几点:

①气缸盖螺栓的拧紧力矩。气缸盖螺栓的拧紧力矩太大或太小都会对发动机产生不良影响,易造成气缸盖变形、漏气等现象。因此,气缸盖的拧紧力矩和转动角度大小均应参考维修技术资料。

②气缸盖螺栓的拆装顺序。为了保证气缸的密封,避免其变形,紧固气缸盖螺栓时应从中央向四周、分次逐步地按规定力矩拧紧。拆卸时,则在冷态按相反顺序进行。具体顺序和相应力矩请参照维修手册。

③气缸盖应在冷态时拆卸,拆装过程中不能碰擦下平面,以免平面损伤。

(2)气缸垫的安装

气缸垫安装不正确、气缸垫凹凸不平或被气体冲坏等,都会造成气缸垫漏气、漏水。安装方法如下:

①选择规格与气缸体一致的气缸垫,必须与所有的气缸孔、螺栓孔、水道孔、杆孔等相配合。

②安装气缸前,应清洁气缸盖和气缸体的两结合平面,清理冷却水道和螺孔、螺纹上的污物,并清洁衬垫和螺栓,检查气缸垫有无折损和变形。

③气缸垫必须按标记图的方向安装。

任务实施

小组协作,详细写出量缸表的使用方法和气缸磨损程度的测量方法。

量缸表使用方法	

气缸磨损程度测量步骤	

学习活动三　活塞连杆组的构造与维修

学习过程

一、活塞连杆组的构造

活塞连杆组由活塞、活塞环、活塞销和连杆等主要机件组成,如图 2.13 所示。

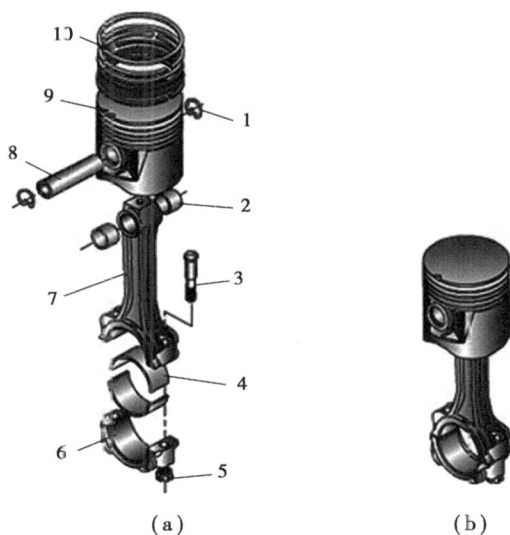

图 2.13　活塞连杆组
1—活塞销卡环;2—连杆衬套;3—连杆螺栓;4—连杆轴瓦;5—定位套筒;
6—连杆盖;7—连杆;8—活塞销;9—活塞;10—活塞环

1. 活塞

1)功用与工作条件

(1)功用

活塞的功用是与气缸盖、气缸壁共同组成燃烧室,承受气缸中的气体压力并通过活塞销和连杆传给曲轴。

(2)工作条件

活塞是在高温、高压、高速及润滑和散热均困难的条件下工作的,其工作条件如下:

①气体压力大,工作温度高。由于活塞顶部直接与高温燃气接触,其散热条件又较差,致

使活塞承受很高的热负荷,活塞顶部在做功行程承受着燃气冲击性的高压力,高温、高压引起活塞变形,磨损增加。

②运动速度高。活塞在气缸内做高速运动,现代发动机的转速可高达 4 000 ~ 6 000 r/min,活塞的平均速度为 8 ~ 12 m/s,其瞬时速度更高。由受力分析可知,活塞运动速度的大小和方向在不断变化,会引起较大的惯性力,它将使曲柄连杆机构的各零件和轴承承受附加负荷。

③润滑和散热困难。由于其结构和位置的特殊性,活塞的润滑和散热比较困难。因此,要求活塞应有足够的强度和刚度,质量尽可能小,导热性、耐热性、耐磨性要好,温度变化时,尺寸及形状的变化要小。发动机广泛采用的活塞材料是铝合金,有的柴油机的活塞也是采用高级铸铁或耐热钢制造的。铝合金活塞具有质量小、导热性好的优点。其缺点是热膨胀系数较大,在高温时,强度和刚度下降较大。

2)结构

活塞的基本结构可分为顶部、头部和裙部三部分,如图 2.14 所示。

(1)活塞顶部

活塞顶部是燃烧室的组成部分,用来承受气体压力。为了提高刚度和强度,并加强其散热能力,背面多有加强筋。根据不同的目的和要求,活塞顶部制成不同的形状,有平顶、凹顶、凸顶之分,它的选用与燃烧室形式有关。工程机械柴油机的活塞主要为凹顶。活塞顶部一般有指示安装方向的"↑"和缸数序号,如图 2.15 所示。

图 2.14　活塞的结构图
1—活塞顶部;2—活塞头部;3—活塞裙部

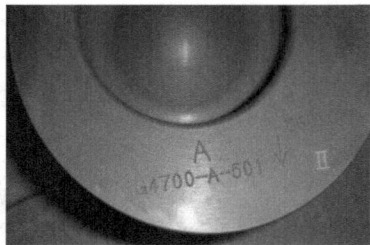

图 2.15　活塞顶部

(2)活塞头部

活塞头部是活塞环槽以上的部分。其主要作用:承受气体压力,并传给连杆;与活塞环一起实现对气缸的密封;将活塞顶所吸收的热量通过活塞环传给气缸壁。活塞头部切有若干道用以安装活塞环的环槽。活塞一般有 3 ~ 4 道环槽,上面 2 ~ 3 道用以安装气环,下面一道用以安装油环。油环槽底面有径向小孔,被油环从气缸壁上刮下来的多余机油经过这些小孔流回油底壳。

(3)活塞裙部

自油环槽下端面起至活塞底面的部分称为活塞裙部。活塞裙部是用来为活塞导向和承受侧压力的。因而,裙部既要有一定的长度,以保证可靠的导向,又要有足够的承压面积,以防止活塞对气缸壁的单位面积压力过大,破坏润滑油膜,加速磨损。还需保证在任何情况下活塞与气缸壁之间具有最佳间隙。

在活塞裙部铸有活塞销座,活塞销座是活塞与活塞销的连接部分,位于活塞裙部的上部,为厚壁圆筒结构,用以安装活塞销。活塞所承受的气体压力、惯性力都是通过销座传给活塞销的,大部分活塞在销座孔内接近外端面处开有卡环槽,用以安装卡环。两卡环之间的距离大于活塞销的长度,使卡环与活塞销端面之间留有足够的间隙,防止冷却过程中活塞的收缩大于活塞销的收缩而将卡环顶出。

3)活塞的变形及相应措施

(1)活塞的变形及原因

①由于活塞的温度高于气缸壁,并且铝合金的热膨胀系数大于铸铁,因此,活塞的膨胀量大于气缸的膨胀量,使活塞与气缸的配合间隙变小。

②由于气缸的温度上高下低,且活塞的壁厚是上厚下薄,因此,活塞头部的膨胀量大于裙部,自上而下膨胀量由大而小。

③由于销座处金属多而膨胀量大[图2.16(a)]和侧压力作用[图2.16(b)]的结果,活塞裙部圆周方向近似椭圆形变化,长轴沿着销座孔轴线方向。

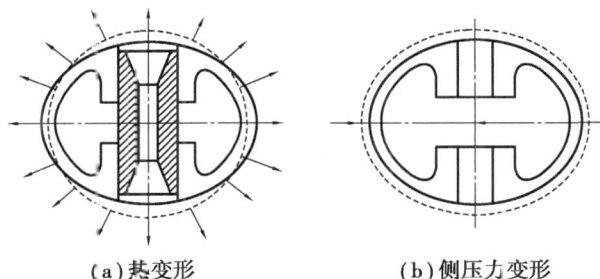

(a)热变形　　　　　　(b)侧压力变形

图2.16　活塞裙部的变形

(2)防止活塞变形的结构措施

①为了使活塞在工作温度下与气缸壁间保持比较均匀的间隙,以免在气缸内卡死,必须预先在冷态下把活塞制成以其裙部断面为长轴且垂直于活塞销方向的椭圆形,轴线方向为上小下大的圆锥形,如图2.17所示。

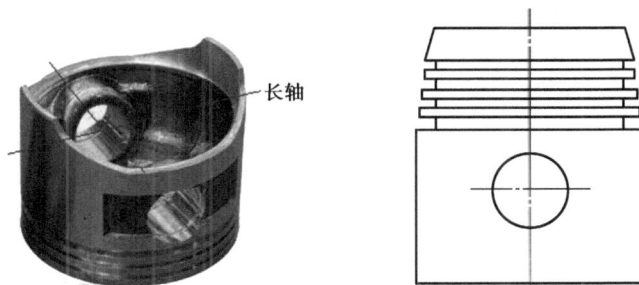

长轴

图2.17　椭圆形活塞

②为了减小销座附近的热变形量,有的活塞还将销座附近的裙部外表面制成0.5~1.0 mm的凹陷。

③为了限制活塞裙部的膨胀量,目前,在发动机上广泛采用双金属活塞。根据其结构和作用原理不同,双金属活塞可分为恒范钢片式(图2.18)、筒形钢片式(图2.19)等。

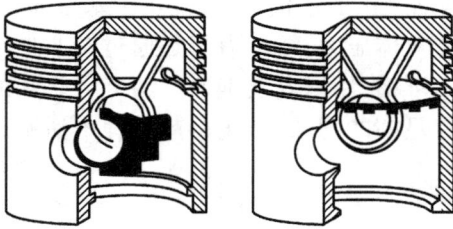

图 2.18　铝合金活塞恒范钢片

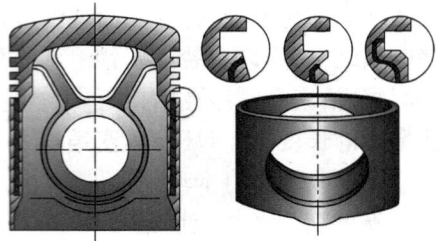

图 2.19　铝合金活塞筒形钢片

2. 活塞环

（1）活塞环的功用

活塞环按其功用可分为气环和油环两类，如图 2.20 所示。气环的功用是保证活塞与气缸壁间的密封，防止气缸中的气体窜入曲轴箱，同时将活塞头部的热量传给气缸，再由冷却水或空气带走；油环的功用是将气缸壁上多余的机油刮回油底壳，并在气缸壁上均匀地布油，这样既可以防止机油窜入燃烧室，又可以减小活塞、活塞环与气缸的摩擦和磨损。

（2）活塞环的工作条件

活塞环是在高温、高压、高速以及润滑困难的条件下工作的。它的运动情况很复杂：一方面与气缸壁间有相对高速的滑动摩擦，以及由于环的膨胀与收缩而产生的环与环槽侧面相对的摩擦；另一方面，由于环对环槽侧面的上下撞击，高温使环的弹力下降，润滑变差。尤以第一环工作条件最为恶劣，所以，活塞环是发动机所有零件中工作寿命最短的。

（3）活塞环的材料

制造活塞环的材料多为优质灰铸铁、球墨铸铁或合金铸铁，组合式油环还采用弹簧钢片制造，工作表面一般都进行多孔镀铬或喷钼。

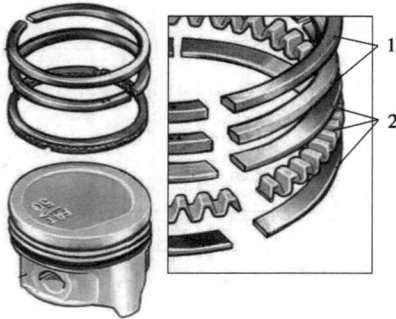

图 2.20　活塞环
1—气环；2—油环

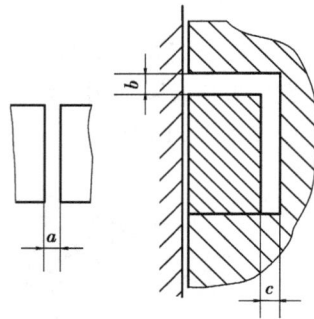

图 2.21　活塞环的间隙
a—开口间隙（端隙）；b—侧隙；c—背隙

（4）活塞环的"三隙"

活塞环在气缸内有开口间隙（端隙），活塞环与活塞环槽间有侧隙与背隙，端隙、侧隙与背隙俗称"三隙"，如图 2.21 所示。

①端隙。又称开口间隙，是活塞环装入气缸后开口处的间隙，一般为 0.25～0.50 mm。此数值随气缸直径增大而增大，第一道气环略大于第二、第三道环。为了减小气体的泄漏，装环时各道环口应互相错开。

②侧隙。又称边隙，是环高方向上与环槽之间的间隙。第一道环因工作温度高，一般为

0.04～0.10 mm;其他气环一般为 0.03～0.07 mm。油环的侧隙较小,一般为 0.025～0.07 mm。

③背隙。是活塞及活塞环装入气缸后,活塞环背面与环槽底部间的间隙,一般为 0.5～1.0 mm。油环的背隙比气环大,目的是增大存油间隙,以利于减压泄油。

3.气环

(1)气环的密封原理

如图 2.22 所示,活塞环在自由状态下,其外圆直径略大于气缸直径,所以装入气缸后,气环就产生一定的弹力 F_1 与气缸壁压紧,形成第一密封面。在此条件下,气体使活塞环被压紧在环槽下侧面,形成第二密封面。此外,窜入活塞环背隙的气体产生背压力 F_2,使环对气缸壁进一步压紧,加强了第一、第二密封面的密封性,称为第二次密封。

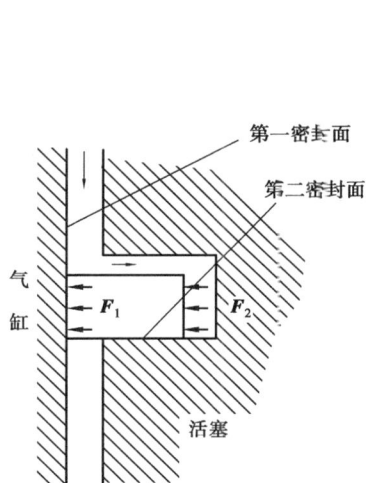

图 2.22　气环的密封原理
F_1—环自身弹力;F_2—背压力

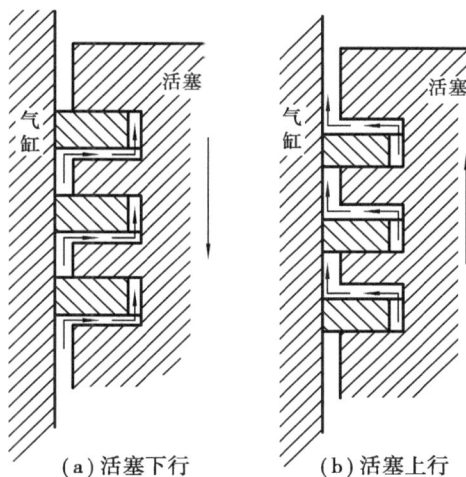

(a)活塞下行　　(b)活塞上行

图 2.23　活塞环的泵油作用

(2)活塞环的泵油作用及危害

如图 2.23 所示,活塞下行时,由于环与气缸壁之间的摩擦阻力以及环本身的惯性,环将压靠在环槽的上端面,气缸壁上的机油就被刮入下边隙与背隙内。当活塞上行时,环又压靠在环槽的下端面,结果第一道环背隙里的油就进入气缸中。如此反复,结果就像油泵的作用一样,将气缸壁的机油最后压入燃烧室。

活塞环的泵油作用:一方面对润滑困难的气缸是有利的;而另一方面泵油现象会增加机油消耗,并在燃烧室内形成积碳,甚至在环槽内形成积碳,挤压活塞环而失去密封性。另外还加剧了气缸等构件的磨损。

(3)气环的断面形状

为了加强活塞环的密封、加速活塞环的磨合、减小活塞环的泵油作用及改善润滑,除了合理选择材料和加工工艺,在结构上还采用了许多不同断面形状的气环,如图 2.24 所示。

①矩形环[图 2.24(a)]。该环结构简单,制造方便,与气缸壁接触面积大,对活塞头部的散热有利,可用于各道气环,但泵油作用大。

②锥形环[图 2.24(b)]。该环与气缸壁是线接触,有利于磨合和密封。随着磨损的增加,接触面积逐渐增大,最后成为普通的矩形环。为避免装反,在环端上侧面标有记号("向

上"或"TOP"等)。

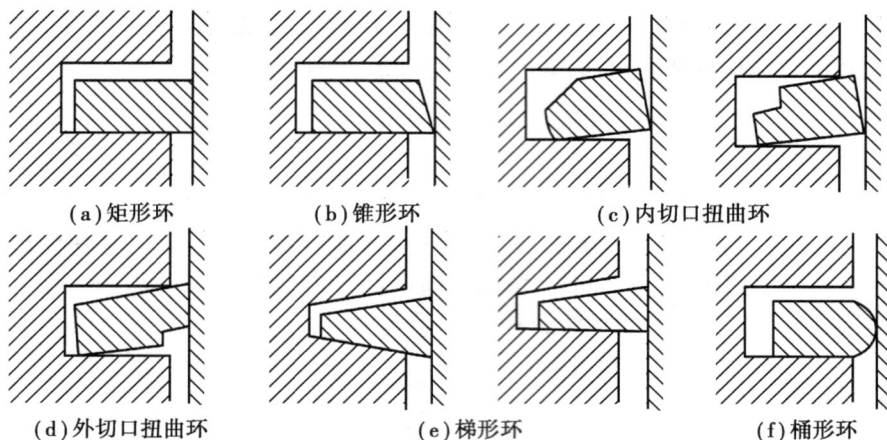

(a)矩形环　　　(b)锥形环　　　(c)内切口扭曲环

(d)外切口扭曲环　　　(e)梯形环　　　(f)桶形环

图 2.24　气环的断面形状

③扭曲环[图 2.24(c)和(d)]。该环是在矩形环的内圆上边缘或外圆下边缘切去一部分。将这种环随同活塞装入气缸时,由于环的弹性内力不对称而产生断面倾斜,其作用是防止活塞环在环槽内上下窜动而造成泵油,同时还增加了密封性,易于磨合,并具有向下的刮油作用。扭曲环在安装时,必须注意环的断面形状和方向,正扭曲环应将其内圆切槽向上,外圆切槽向下,不能装反。若装反,则发动机会出现"窜机油"现象。

④梯形环[图 2.24(e)]。该环常用于热负荷较大的柴油机第一道环。其特点是当活塞受侧压力的作用而改变位置时,环的侧隙相应地发生变化,使沉积在环槽中的结焦积碳被挤出,避免了环被粘在环槽中而失效。

⑤桶形环[图 2.24(f)]。目前,该环已普遍用于强化柴油机的第一道环,其特点是活塞环的外圆面为凸圆弧形。当活塞上下运动时,桶面环能改变形成楔形间隙,使机油容易进入摩擦面,从而使磨损大为减小。另外,桶形环与气缸是圆弧接触,故对气缸表面的适应性较好,但圆弧表面加工较困难。

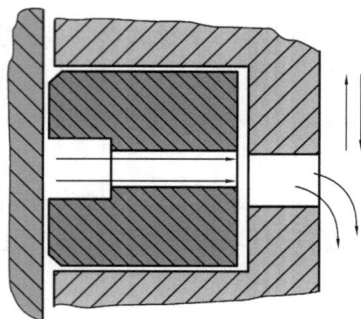

图 2.25　油环的刮油原理

4.油环

(1)油环的刮油原理

如图 2.25 所示,油环在随活塞上下运动中,在缸壁上布油并将多余机油刮下,机油从槽底孔流入活塞内壁。

(2)油环的类型

目前发动机采用的油环有整体式油环和组合式油环两种。

①整体式油环。整体式油环没有背压,为提高其对气缸壁的压力,并增加刮油次数,在其外圆上切有环形槽,槽底开有若干回油用的小孔或窄槽。

②组合式油环(图 2.26)。一般由刮油钢片和弹性衬簧组成,具有径向和轴向弹力作用的衬簧夹在上、下刮油钢片之间。这种油环的刮油作用强,刮油片各自独立,所以对气缸的适应性好。

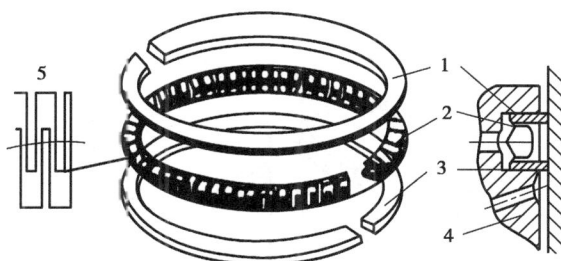

图 2.26　组合式油环
1—上刮片;2—衬簧;3—下刮片;4—活塞;5—展开

5. 活塞销

(1)活塞销的功用及工作条件

活塞销的功用是连接活塞和连杆小头,将活塞承受的气体作用力传给连杆。活塞销在高温下承受很大的周期性冲击负荷,润滑条件差,因而要求活塞销有足够的刚度和强度,表面耐磨,质量尽可能小。

(2)材料及结构

活塞销通常做成空心圆柱体,材料一般选择合金钢,并对表面进行渗碳处理,以提高其表面硬度,增加耐磨性。其结构如图 2.27 所示。

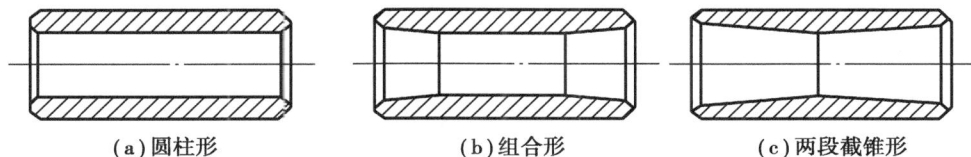

(a)圆柱形　　　　　　(b)组合形　　　　　　(c)两段截锥形

图 2.27　活塞销的内孔形状

(3)活塞销的连接方式

活塞销与活塞销座孔和连杆小头的连接方式一般有以下两种:

①全浮式。如图 2.28(a)所示,在发动机正常工作温度下,活塞销能在连杆衬套和活塞销座孔中自由转动,减小了磨损,且使磨损均匀,所以被广泛采用。为防止销的轴向窜动而刮伤气缸壁,在活塞销座两端用卡环加以轴向定位。

②半浮式。如图 2.28(b)所示,半浮式连接是销与座孔或连杆小头两处一处固定,一处浮动。其中大多数采用活塞销与连杆小头连接的固定方式。这种连接方式省去了连杆小头衬套的修理作业,维修方便。

6. 连杆

1)连杆的功用和材料

连杆的功用是将活塞承受的力传给曲轴,推动曲轴转动,从而使活塞的往复运动转变为曲轴的旋转运动。

连杆在工作时承受活塞销传来的气体作用力、活塞连杆组往复运动时的惯性力和连杆大头绕曲轴旋转产生的旋转惯性力的作用。这些力的大小和方向都是周期性变化的,这就使连杆承受压缩、拉伸和弯曲等交变负荷。因此,要求连杆在质量尽可能小的条件下有足够的刚度和强度。为了满足上述要求,连杆一般用中碳钢或合金钢经模锻或辊锻,然后经机械加工和热处理制成。

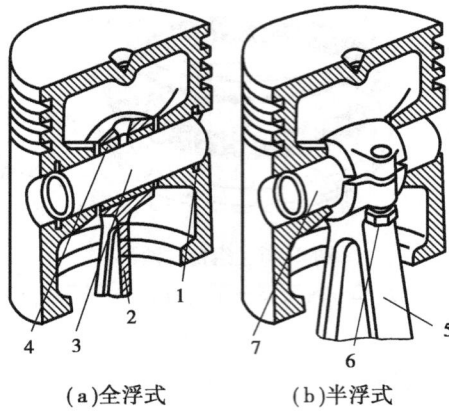

(a)全浮式   (b)半浮式

图 2.28 活塞销的连接方式

1—卡环;2—连杆;3—活塞销;4—连杆衬套;5—连杆;6—连杆螺栓;7—活塞销

2)连杆的组成及结构

如图 2.29 所示,连杆由小头、杆身和大头(包括连杆盖)等部分组成。

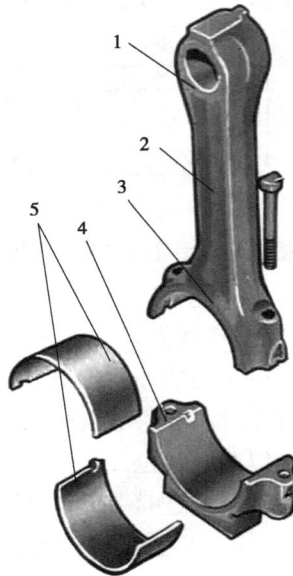

图 2.29 连杆组

1—小头;2—杆身;3—大头;4—大头盖;5—轴瓦

(1)连杆小头

连杆小头用来安装活塞销,工作时小头与活塞销之间有相对转动(全浮式),因此,小头孔中一般有减磨的青铜衬套。为润滑活塞销与衬套,在小头和衬套上有集油槽,用来收集发动机运转而被激溅到上面的机油。有的发动机连杆小头采用压力润滑,则在连杆杆身内钻有纵向的压力油通道。

(2)连杆杆身

连杆杆身通常做成工字形断面,以求在强度和刚度满足要求的前提下减小质量。

（3）连杆大头

连杆大头与曲轴的连杆轴颈相连,为了便于安装,连杆大头一般做成分开式的,一半为连杆体大头,一半为连杆盖,二者通常用螺栓连接。连杆盖与连杆大头是组合镗孔的,为了防止装配时配对错误,在同一侧刻有配对记号。

①切口形式。连杆大头按剖分面的方向可分为平切口和斜切口两种。一般柴油机连杆大头多采用斜切口,如图2.30所示。剖分面与杆身中心线一般呈30°~60°(常用45°)夹角。另外,若斜切口再配以较好的切口定位,可以减小连杆螺栓的受力。

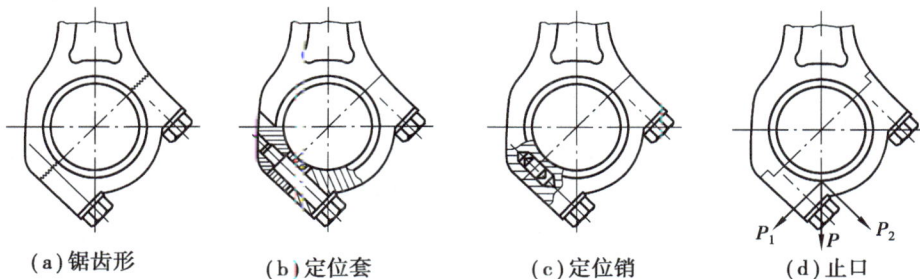

（a）锯齿形　　　（b）定位套　　　（c）定位销　　　（d）止口

图2.30　斜切口连杆大头及其定位方式

②连杆大头的定位方式。斜切口连杆常用的定位方式有以下几种:

a.锯齿形定位[图2.30(a)]。依靠接合面的齿形定位,这种定位方式的优点是贴合紧密,定位可靠,结构紧凑。

b.套或销定位[图2.30(b)、(c)]。依靠套或销与连杆体(或盖)的孔紧密配合定位,这种形式能多向定位,定位可靠。

c.止口定位[图2.30(d)]。这种形式工艺简单,其缺点是定位不大可靠,只能单向定位,无法防止连杆盖止口向外变形或连杆大头止口向内变形。

7.连杆轴承(图2.31)

（1）功用

连杆轴承也称连杆轴瓦(俗称小瓦),装在连杆大头内,用以保护连杆轴颈和连杆大头孔。其在工作时承受着较大的交变负荷、高速摩擦、低速大负荷时润滑困难等苛刻条件。为此,要求轴承具有足够的强度、良好的减磨性和耐腐蚀性。

（2）结构

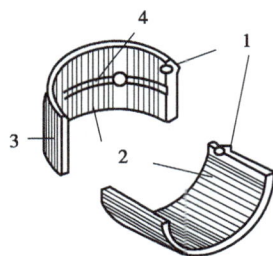

图2.31　连杆轴承

1—凸肩;2—合金层;
3—钢背;4—储油槽

外层有1~3 mm厚的钢背以使整体强度高;钢背内有0.3~0.7 mm的合金层以减磨(有的附有第三合金层)。

连杆轴承背面有较低的表面粗糙度,且当轴承装入连杆大头时有一定的过盈,故能均匀地紧贴在大头孔壁上,并具有很好的承载能力和导热能力。这样可以提高其工作可靠性和延长其使用寿命。为了防止连杆轴承在工作中发生转动或轴向移动,在两个连杆轴承的剖分面上分别冲压出高于钢背面的两个定位凸键。装配时,这两个凸键分别嵌入连杆大头和连杆盖上的相应凹槽中。在连杆轴承内表面上还加工有油槽,用以储油和保证可靠润滑。

二、活塞连杆组的检修

在发动机维修过程中,活塞、活塞销和活塞环等是作为易损件更换的,这些零件的选配是一项重要的工艺技术措施。活塞连杆组的修理主要包括活塞、活塞环、活塞销的选配,连杆的检验与校正,以及活塞连杆组在组装时的检验校正和装配。

1. 活塞的选配

1）活塞的耗损

活塞的耗损包括正常磨损和异常损坏。

（1）活塞的正常磨损

活塞的正常磨损主要是活塞环槽的磨损、活塞裙部的磨损、活塞销座孔的磨损等。

活塞环槽的磨损较大,第一道环槽尤为严重,各环槽由上而下逐渐减轻。其主要原因是燃气的压力作用及活塞高速往复运动,使活塞环对环槽的冲击增大。此外,活塞头部还受到高温高压燃气的作用,使其强度下降。环槽的磨损将引起活塞环与环槽侧隙的增大,活塞环的泵油作用增大,使气缸漏气和窜机油,密封性降低。活塞裙部的磨损较小,通常是在承受侧向力的一侧发生磨损和擦伤,当活塞裙部与气缸壁间隙过大时,发动机工作易出现敲缸,并出现较严重的窜油现象。活塞销座孔的磨损主要呈上下方向较大而水平方向较小的椭圆形,磨损使活塞销与座孔的配合松旷,在工作中会出现异响。

（2）活塞的异常损坏

活塞的异常损坏主要有活塞刮伤、顶部烧蚀和脱顶等。

活塞刮伤主要是由于活塞与气缸壁的配合间隙过小,使润滑条件变差,以及气缸内壁严重不清洁,有较多和较大的机械杂质进入摩擦表面而引起的。

活塞顶部的烧蚀则是发动机长时间超负荷或在爆燃条件下工作的结果。

活塞脱顶（活塞头部与裙部分离）的原因是活塞环的开口间隙过小或活塞环与环槽槽底无背隙,当发动机连续在高温、高负荷条件下工作时,活塞环开口间隙被顶死,与气缸壁之间发生粘卡,而活塞裙部受到连杆的拖动,使活塞在头部与裙部之间拉断。此外,活塞敲缸和活塞销松旷故障未能及时排除,也将造成活塞的异常损坏。

2）活塞的检验

活塞由于受侧压力的影响,形成椭圆形状,因此,应对活塞的圆度进行检验,若超过标准值范围,应予以更换。活塞直径的测量,是用外径千分尺从活塞裙部底边向上约 15 mm 处测量活塞的横向直径。气缸直径减去活塞直径,即为活塞与气缸之间的间隙尺寸,应符合配合标准。

3）活塞的选配

当气缸的磨损超过规定值及活塞发生异常损坏时,必须对气缸进行修复,并且要根据气缸的修理尺寸选配活塞。选配活塞时要注意以下几点:

①按气缸的修理尺寸选用同一修理尺寸和同一分组尺寸的活塞。

②活塞是成套选配的,同一台发动机必须选用同一厂牌的活塞,以保证其材料和性能的一致性。

③选配成组的活塞,其尺寸差一般为 0.01 ~ 0.015 mm,质量差为 4 ~ 8 g,销座孔的涂色标记应相同。

选配好活塞后,应在活塞顶部按照气缸的顺序作出标记,以免装错。

2.活塞环的选配

1）活塞环的常见损伤

活塞环的常见损伤主要是活塞环的磨损、弹性减弱和折断等。

活塞环的磨损主要是由活塞环受高温高压燃气的作用,活塞环往复运动的冲击和润滑不良所致。活塞环的磨损速度较快,在两次大修间隔之间的某次二级维护,当气缸的圆柱度达到 0.09 ~ 0.11 mm 时,则需要更换活塞环一次。

在使用中受高温燃气的影响,活塞环的弹性逐渐减弱,造成活塞环对气缸的压力降低,使气缸的密封性变差,出现漏气和窜油现象,发动机的动力性下降。

由于活塞环的安装不当或端隙过小,发动机工作时,端隙顶死而卡缸,活塞环在活塞的冲击负荷作用下而断裂。

2）活塞环的选配

在发动机大修时,活塞环是被当作易损件更换的,活塞环设有修理尺寸,但不因气缸和活塞的分组而分组。活塞环选配时,以气缸的修理尺寸为依据,同一台发动机应选用与气缸和活塞修理尺寸等级相同的活塞环,当发动机气缸磨损后,也应选配与气缸同一级别的活塞环,严禁选择加大一级修理尺寸的活塞环经锉端隙来使用。进口发动机活塞环的更换,按原厂规定进行。

对活塞环的要求:与气缸、活塞的修理尺寸一致;具有规定的弹力,以保证气缸的密封性;活塞环的漏光度、端隙、侧隙和背隙应符合原厂规定。

（1）活塞环的弹力检验

活塞环的弹力是建立背压的首要条件,也是保证气缸密封性的必要条件。使用活塞环弹力检验仪检测活塞环的弹力。

（2）活塞环的漏光度检验

活塞环的漏光度检验旨在检测环的外圆表面与缸壁的接触和密封程度。检查时,将活塞环置于气缸内,用倒置的活塞将其推平,用直径略小于活塞环外径的圆形板盖在环的上侧,在气缸下部放置灯光,从气缸上部观察活塞与气缸壁的缝隙,确定其漏光情况。具体技术要求参照维修手册。

（3）活塞环的"三隙"检验法

用"三隙"检验法检验端隙时,将活塞环置于气缸套内,倒置活塞的顶部,将环推入气缸内相应的上止点,然后用厚薄规测量,如图 2.32（a）所示。若端隙大于规定值则应重新选配;若端隙小于规定值,应利用细平锉刀对环口的一端进行锉修,如图 2.32（b）所示。

（a）活塞环端隙的检验　　　（b）用锉刀锉修活塞环端头　　　（c）活塞环侧隙的检测

图 2.32　活塞环间隙的检验

用厚薄规检测侧隙的方法如图 2.32(c)所示。在实际操作中,通常是以经验来判断活塞环的侧隙和背隙。将环置入环槽内,环应低于环岸,且能在槽中滑动自如,无明显松旷感觉即可。具体型号发动机活塞环的"三隙"检验请查阅相关维修资料。

3.活塞销的选配

(1)活塞销的耗损

活塞销的径向磨损比较均匀,磨损速率也较低。由于活塞销在发动机工作时承受较大的冲击负荷,当活塞销与活塞销座和连杆衬套的配合间隙超过一定数值时,就会由于配合松旷而发生异响。

(2)活塞销的选配

发动机大修时,一般应更换活塞销,选配标准尺寸的活塞销,为发动机小修留有余地。

选配活塞销的原则:同一台发动机应选用同一厂牌、同一修理尺寸的成组活塞销,活塞销表面应无任何锈蚀和斑点,质量差在 10 g 范围内。根据活塞销座和连杆衬套的磨损程度来选择相应修理尺寸的活塞销。

(3)活塞销座孔的修配

活塞销与活塞销座和连杆衬套的配合一般是通过铰削、镗削或滚压来实现的。

4.连杆组的检修

连杆组的检修主要有连杆变形的检验与校正、连杆小端衬套的压装与铰削等。

(1)连杆变形的检验与校正

连杆变形后,使活塞在气缸中歪斜,引起活塞与气缸、连杆轴承与连杆轴颈的偏磨,将对曲柄连杆机构的工作产生很大的影响。因此,对连杆变形的检验与校正是发动机修理过程中一个极为重要的项目。

连杆变形的检验在专用仪器上进行。经检验确定连杆有变形时,应记下连杆弯曲与扭曲的方向和数值,利用连杆校验仪进行校正。一般是先校正扭曲,后校正弯曲。

(2)连杆衬套的修配

在更换活塞销的同时,必须更换连杆衬套,以恢复其正常配合。新衬套的外径应与连杆小端承孔有 0.10 ~0.20 mm 的过盈量,以防止衬套在工作中发生转动。

(3)连杆其他损伤的检修

连杆的杆身与小端的过渡区应无裂纹,表面无碰伤。必要时可采用磁力探伤检验连杆的裂纹。若有裂纹,应予以更换。如果连杆下盖损坏或断裂,也要同时更换连杆组合件。

连杆杆身下盖的结合平面应平整。连杆轴承孔的圆柱度误差大于 0.025 mm 时,应进行修理或更换连杆。

连杆螺栓应无裂纹,螺纹部分完整,无滑牙和拉长等现象。选用新的连杆螺栓时,其结构参数及材质应符合规定,禁止用普通螺栓代替连杆螺栓。连杆螺栓的自锁螺母不得重复使用。

任务实施

小组协作,拆卸柴油机活塞连杆组,将其组成部分按顺序摆放好,并说出各组成部分的名称、结构特点及作用。

零件名称	结构特点	作　用

学习活动四　曲轴飞轮组的构造与维修

学习过程

一、曲轴飞轮组

曲轴飞轮组主要由曲轴、飞轮、扭转减震器、正时齿轮和曲轴皮带轮等组成,如图 2.33 所示。

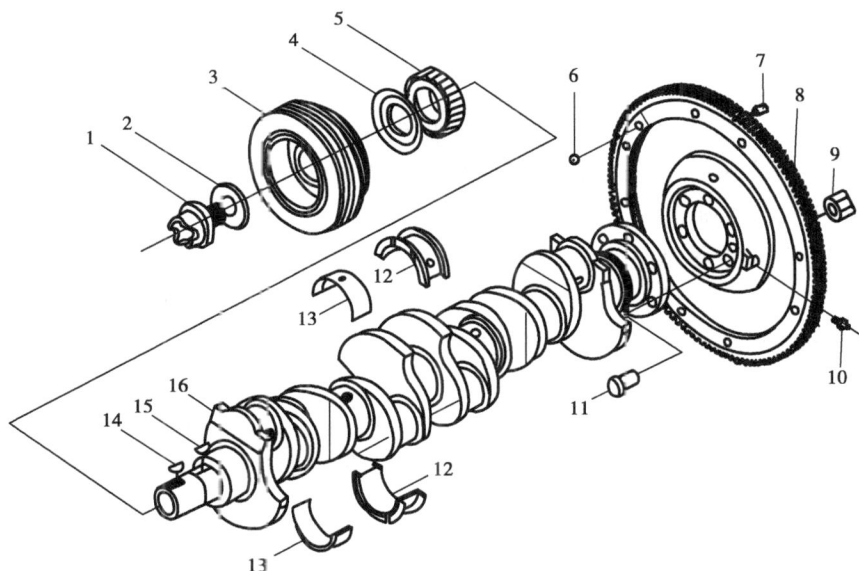

图 2.33　曲轴飞轮组

1—起动爪;2—起动爪锁紧垫片;3—扭转减振器皮带轮;4—挡油片;5—正时齿轮;
6—第一、第六缸活塞上止点标记;7—圆柱销;8—齿环;9—螺母;10—黄油嘴;11—曲轴与飞轮连接螺栓;
12—中间轴承上下轴瓦;13—主轴承上下轴瓦;14,15—半圆键;16—曲轴

曲轴飞轮组的功用：

①对外输出力矩并使各辅助装置工作(由曲轴驱动完成)；

②储能、放能，以使曲轴运转正常且平稳(由飞轮完成)；

③保证曲轴自身工作中扭转振动与共振尽可能小(由扭转减振器完成)。

1. 曲轴

1)功用及工作条件

曲轴的主要功用是把活塞连杆组传来的气体压力转变为转矩并对外输出；另外，还用来驱动发动机的配气机构和其他各种辅助装置。曲轴在工作时，要承受周期性变化的气体压力、往复惯性力和离心力，以及它们产生的转矩和弯矩的共同作用。因此，曲轴所使用的材料要求韧性和耐磨性都比较高，一般都采用中碳钢或中碳合金钢模锻。

2)曲轴的类型及结构

曲轴有整体式和组合式两种形式。目前，工程机械用柴油机主要使用整体式曲轴，故本书对整体式曲轴进行详细介绍。

整体式曲轴的结构如图2.34所示。曲轴的基本组成包括前端轴、主轴颈、连杆轴颈、曲柄、平衡重、后端轴和后凸缘盘等。一个连杆轴颈和它两端的曲柄及主轴颈构成一个曲拐，曲轴的曲拐数取决于气缸的数目和排列方式。直列发动机曲轴的曲拐数等于气缸数；V形发动机曲轴的曲拐数等于气缸数的1/2。

图2.34 整体式曲轴

1—前端轴;2—主轴颈;3—连杆轴颈;4—曲柄;5—平衡重;6—后凸缘盘

(1)主轴颈和连杆轴颈

主轴颈是曲轴的支撑部分。每个连杆轴颈两边都有一个主轴颈的，称为全支撑曲轴。全支撑曲轴的主轴颈数总比连杆轴颈数多一个；主轴颈数少于连杆轴颈数者，称为非全支撑曲轴。全支撑曲轴的优点是可以提高曲轴的刚度，且主轴承的负荷较小。故它在汽油机和柴油机中广泛采用。

连杆轴颈又称曲柄销。在直列发动机上，连杆轴颈与气缸数相同。在V形发动机上，因为绝大多数是在一个连杆轴颈上装左、右两列各一个气缸的连杆，所以，连杆轴颈为气缸数的1/2。

曲轴上钻有贯穿主轴承、曲柄和连杆轴承的油道，以使主轴承内的润滑油经此贯穿油道流至连杆轴承。

(2)曲柄和平衡重

曲柄是用来连接主轴颈和连杆轴颈的，如图2.35所示。平衡重的作用是平衡连杆大头、连杆轴颈和曲柄等产生的离心力及力矩，有时也平衡活塞连杆组的往复惯性力和力矩，以使发动机运转平稳，并且还可减小曲轴轴承的负荷。有的平衡重与曲轴制成一体；有的单独制成零件,再用螺栓固定在曲柄上,形成装配式平衡重;有的刚度相对较大的全支撑曲轴没有平衡重。无论有无平衡重,曲轴本身还必须经过动平衡校验,对不平衡的曲轴,常在其偏重的一侧钻去一部分而使其达到平衡。

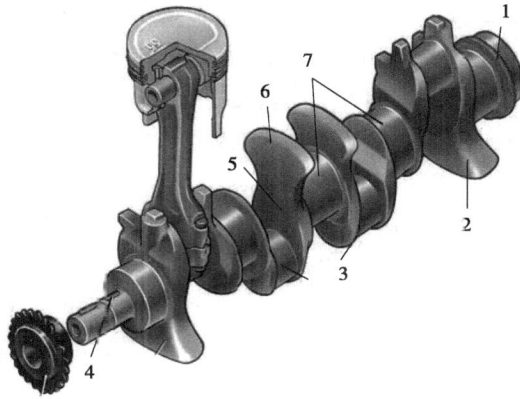

图 2.35　曲轴和平衡重
1—后端;2—平衡重;3—连杆轴颈;4—前端;5—曲柄;6—平衡重;7—主轴颈

（3）前端轴和后端轴

曲轴前端装有驱动配气凸轮轴的正时齿轮、驱动风扇和水泵的皮带轮及止推片等,如图2.36 所示。为了防止机油沿曲轴轴颈外漏,在曲轴前端装有甩油盘,随着曲轴的旋转,由于离心力的作用,油被甩到齿轮室盖的壁面,再沿壁面流回油底壳中。即使还有少量机油落到甩油盘前端的曲轴上,也会被压配在齿轮室盖上的油封挡住,并流回油底壳。有的中型、小型发动机曲轴前端还装有起动爪,以便必要时用人力转动曲轴,起动发动机。

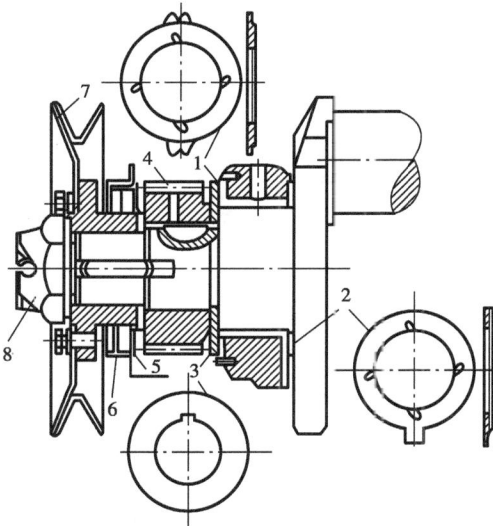

图 2.36　曲轴前端轴结构
1,2—滑动止推轴承;3—止推片;4—正时齿轮;
5—甩油盘;6—油封;7—皮带轮;8—起动爪

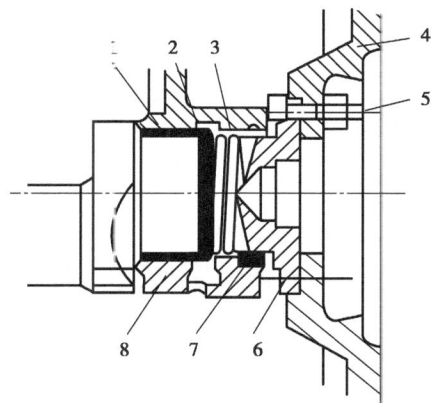

图 2.37　曲轴后端轴结构
1—轴承座;2—甩油盘;3—回油螺纹;4—飞轮;
5—飞轮螺栓;6—曲轴凸缘盘;7—油封;8—轴承盖

曲轴后端安装有飞轮用的凸缘盘,为了防止机油向后漏出,常采用甩油盘、油封(自紧油封或填料油封）和回油螺纹等封油装置,如图 2.37 所示。

发动机工作时,曲轴经常受到离合器施加给飞轮的轴向力作用及其他作用,从而有轴向窜动的可能。因曲轴的窜动将破坏曲柄连杆机构各零件的正确位置,故必须用止推片加以限制。在曲轴受热膨胀时,其应能自由伸长,所以,曲轴上只能有一个地方设置轴向定位装置。止推片的形式一般有两种:一种是翻边轴承的翻边部分,定位方式为翻边轴瓦的翻边定位(中央或后端),如图 2.38 所示;另一种是单面制有减磨合金层的止推片,利用止推片定位(前端),如图 2.39 所示。安装止推片时,应将涂有减磨合金层的一面朝向旋转面。

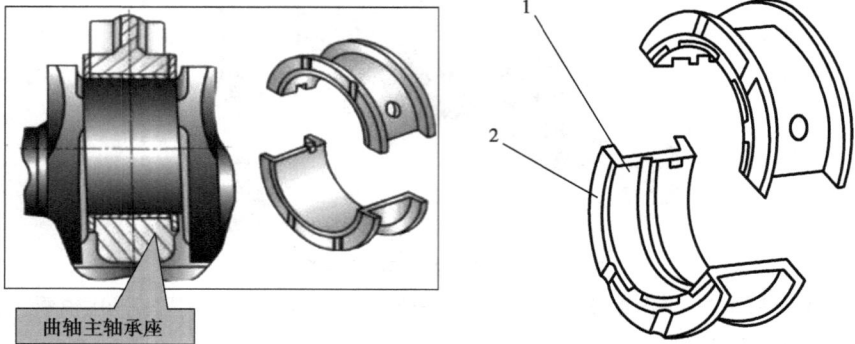

图 2.38　曲轴推力轴承——组合翻边衬瓦
1—轴瓦;2—推力片

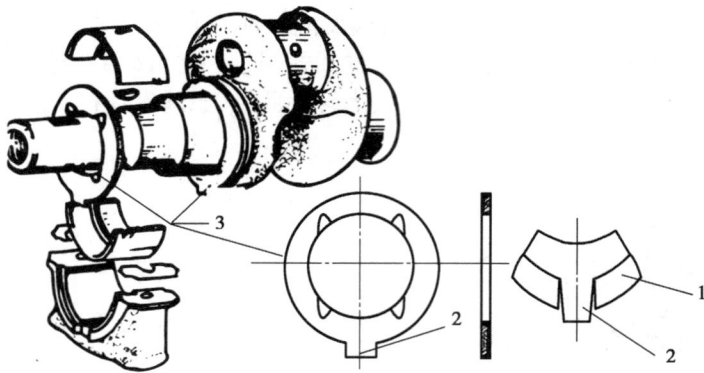

图 2.39　片式推力轴承
1—轴承盖;2—舌榫;3—承推垫圈

（4）曲拐的布置规律与工作顺序

多缸发动机曲轴曲拐的布置与气缸数、气缸的排列形式(直列、V 形)、发动机的平衡以及各缸工作顺序有关。曲拐布置的一般规律如下:各气缸的做功间隔角要尽量均衡,以使发动机运转平稳。对于直列式发动机来说,连续工作的两个气缸相对的夹角(连杆轴颈的分配角)要相等,并等于一个工作循环期间曲轴转角除以气缸数,即 $720°/i$,其中 i 为气缸数。如六缸四冲程发动机,曲轴每转两圈(720°),各气缸都应工作一次,则相邻做功的两气缸相对应的曲拐互成 120°(720°/6)夹角。

连续做功的两气缸相隔应尽量远,最好是在发动机的前半部和后半部交替进行,这样一方面可减少主轴承连续承载,另一方面避免相邻两气缸进气门同时开启而发生抢气现象,可使各气缸进气分配较均匀。V形发动机左右两排气缸尽量交替做功;曲拐的布置尽可能对称、均匀,以使发动机工作平衡性好。

下面以常见的直列四缸四冲程发动机、直列六缸四冲程发动机、V形八缸四冲程发动机为例,介绍多缸发动机曲拐的布置图和工作顺序。

直列四缸四冲程发动机由拐的布置如图2.40所示,其曲轴与曲拐对称布置于同一平面内,做功间隔为180°(720°/4),各气缸的工作顺序有1—3—4—2[图2.40(a)]和1—2—4—3[图2.40(b)]两种,在柴油机上前者应用较多,其工作循环见表2.1。

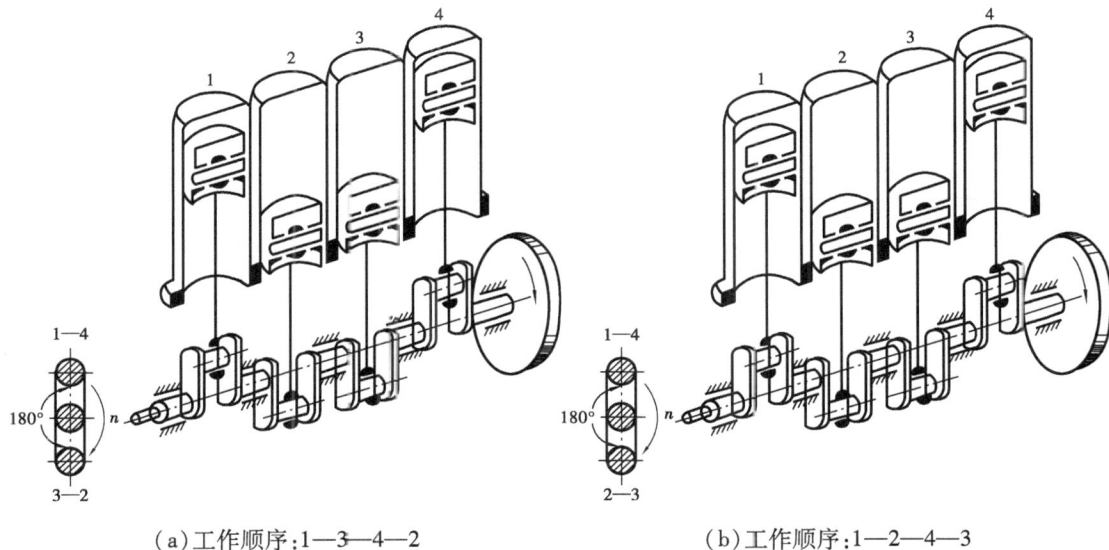

（a）工作顺序:1—3—4—2　　　　　　　　（b）工作顺序:1—2—4—3

图2.40　直列四缸四冲程发动机曲拐布置及工作顺序

表2.1　直列四缸四冲程发动机工作循环表(工作顺序:1—3—4—2)

曲轴转角/(°)	第一缸	第二缸	第三缸	第四缸
0~180	做功	排气	压缩	进气
180~360	排气	进气	做功	压缩
360~540	进气	压缩	排气	做功
540~720	压缩	做功	进气	排气

直列六缸四冲程发动机曲拐布置如图2.41所示。这种曲轴是应用较广的一种曲轴,发动机做功间隔为120°(720°/6),5个曲拐互成120°。工作顺序为1—5—3—6—2—4或者1—4—2—6—3—5,前者应用比较普遍,其工作循环见表2.2。

V形八缸四冲程发动机曲拐布置如图2.42所示。着火间隔应为90°,V形发动机左右两列中相对应的一对连杆共用一个曲拐。所以,V形八缸四冲程发动机只有四只曲拐。当它们之间的空间夹角为90°时,着火顺序一般为5—1—8—4—2—7—3—6,见表2.3。如果空间夹角不为90°,则着火间隔角也不为90°。

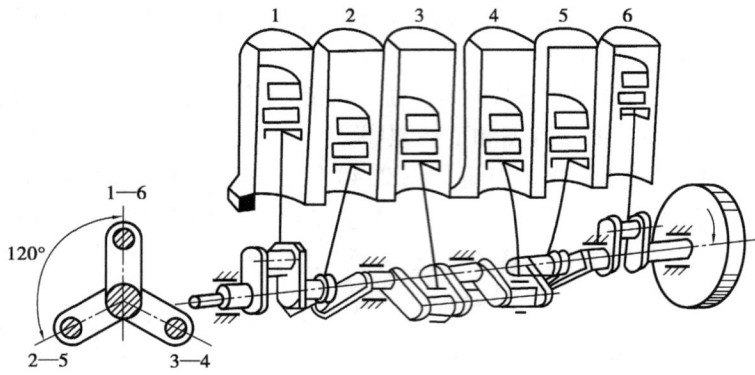

图2.41　直列六缸四冲程发动机曲拐布置及工作顺序

表2.2　直列六缸四冲程发动机工作循环表(工作顺序:1—5—3—6—2—4)

曲轴转角/(°)		第一缸	第二缸	第三缸	第四缸	第五缸	第六缸
0~180	60	做功	排气	进气	做功	压缩	进气
	120						
	180			压缩	排气		
180~360	240	排气	进气			做功	压缩
	300						
	360			做功	进气		
360~540	420	进气	压缩			排气	做功
	480						
	540			排气	压缩		
540~720	600	压缩	做功			进气	排气
	660			进气	做功		
	720		排气			压缩	

　　V形八缸四冲程发动机的工作顺序有多种,气缸的序号排列方式也因机而异,有的是从左边数起,有的是从右边数起,有的是交叉计数。现在比较多的一种方法是分成左右两列各自计数,每排4个。上述的工作顺序可排为 R_1—L_1—R_4—L_4—L_2—R_3—L_3—R_2。

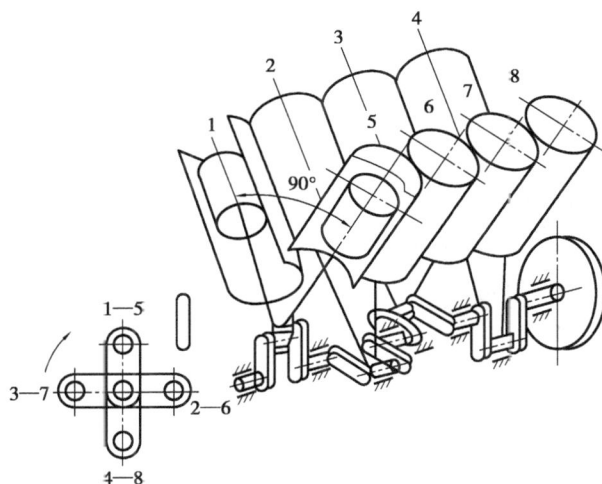

图 2.42　V 形八缸四冲程发动机曲拐布置图

表 2.3　V 形八缸四冲程发动机工作循环表(工作顺序:5—1—8—4—2—7—3—6)

曲轴转角/(°)		第一缸	第二缸	第三缸	第四缸	第五缸	第六缸	第七缸	第八缸
0 ~ 180	0 ~ 90	压缩	进气	排气	进气	做功	做功	排气	压缩
	90 ~ 180	做功			压缩		排气	进气	
180 ~ 360	180 ~ 270		压缩	进气		排气			做功
	270 ~ 360	排气			做功		进气	压缩	
360 ~ 540	360 ~ 450		做功	压缩		进气			排气
	450 ~ 540	进气			排气		压缩	做功	
540 ~ 720	540 ~ 630		排气	做功		压缩			进气
	630 ~ 720	压缩			进气		做功	排气	

2. 扭转减振器

扭转减振器的功用是吸收曲轴扭转振动的能量,削减扭转振动。发动机运转时,由于飞轮的惯性很大,可以看作等速转动。而各缸气体压力和往复运动件的惯性力是周期性地作用在曲轴连杆轴颈上的,给曲轴一个周期性变化的扭转外力,使曲轴发生忽快忽慢的转动,从而形成曲轴对于飞轮的扭转摆动,即曲轴的扭转振动。为了削减曲轴的扭转振动,有的发动机在曲轴前端装有扭转减振器。

常用的扭转减振器有干摩擦式、橡胶式、黏液式(硅油)及橡胶—黏液式等。橡胶式扭转减振器如图 2.43 所示,是将减振器圆盘用螺栓与曲轴带轮及轮毂紧固在一起,橡胶层、圆盘及惯性盘经硫化处理后连接成一体。当曲轴发生扭转振动时,力图保持等速转动的惯性盘便使橡胶层发生内摩擦,从而消除扭转振动的能量,避免扭转振动。

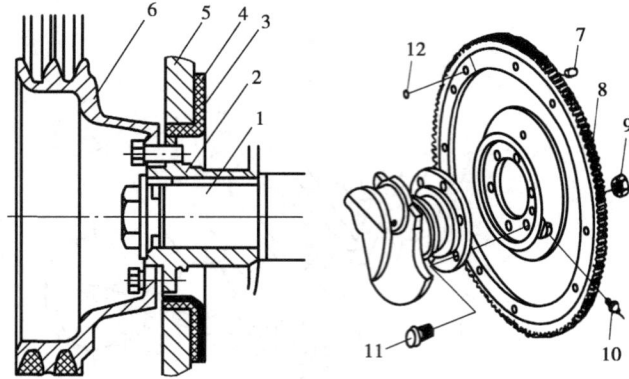

图 2.43 橡胶式扭转减振器

1—曲轴前端;2—皮带轮毂;3—减振器圆盘;4—橡胶垫;5—惯性盘;6—皮带盘
7—定位销;8—齿圈;9—螺母;10—润滑脂油嘴;11—螺栓;12—上止点记号

3.飞轮(图 2.44)

飞轮的主要功用是通过储存和释放能量来提高发动机运转的均匀性和改善发动机克服短暂超负荷的能力,与此同时,又将发动机的动力传给离合器。飞轮多采用灰铸铁制造,当轮缘的圆周速率超过 50 m/s 时,要采用强度较高的球墨铸铁或铸钢制造。飞轮是一个转动惯量很大的圆盘,为了保证在有足够转动惯量的前提下尽可能减小飞轮的质量,应使飞轮的大部分质量都集中在轮缘上,因此,轮缘通常做得宽而厚。飞轮外缘上压有一个齿圈,其作用是在发动机起动时,与起动机齿轮啮合,带动曲轴旋转。飞轮上通常刻有点火正时或供油正时记号,以便校准点火时间或供油时间。

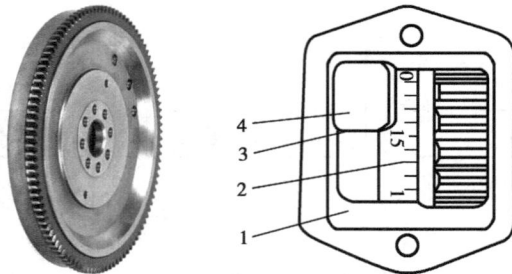

图 2.44 飞轮

1—检查窗孔;2—飞轮上的刻线;3—凸缘边缘;4—凸缘

飞轮与曲轴装配后应进行动平衡,否则在旋转时因质量不平衡而产生的离心力将引起发动机振动并加速主轴承磨损。做完动平衡的曲轴与飞轮的位置是固定的,不能再变。为避免装错而引起错位,使平衡受到破坏,飞轮与曲轴之间应有严格的相对位置,用定位销或不对称布置的螺栓给予保证。

二、曲轴飞轮组的检修

1.曲轴的耗损

(1)曲轴的磨损

曲轴主轴颈和连杆轴颈的磨损是不均匀的,且磨损部位有一定的规律。

主轴颈和连杆轴颈径向最大磨损部位相互对应,即各主轴颈的最大磨损部分靠近连杆轴颈一侧,而连杆轴颈的最大磨损部位在主轴颈一侧。连杆轴颈的内侧磨损较大,主轴颈靠近连杆轴颈一侧的轴颈与轴承间发生的相对磨损较大。

实践证明,连杆轴颈的磨损比主轴颈的磨损严重,这主要是由连杆轴颈的负荷较大、润滑条件较差等原因造成的。轴颈表面还可能出现擦伤和烧伤。擦伤主要是机油不清洁造成的,其中较大的机械杂质在轴颈表面划成沟痕烧瓦后,轴颈表面会出现严重的擦伤划痕,轴颈表面烧灼变成蓝色。

（2）曲轴的弯扭变形

所谓曲轴弯曲是指主轴颈的同轴度误差大于 0.05 mm。若连杆轴颈分配角误差大于 0° 30′,则称为曲轴扭曲。由轴产生弯曲和扭曲变形,是由于使用不当和修理不当造成的。曲轴弯曲变形后,将加剧活塞连杆组和气缸的磨损,以及曲轴和轴承的磨损,甚至造成曲轴疲劳折断。

（3）曲轴的断裂

曲轴的裂纹多发生在曲柄臂与轴颈之间的过渡圆角及油孔处。前者是径向裂纹,严重时将造成曲轴断裂;后者多为轴向裂纹,沿斜置油孔的锐边向轴向发展。曲轴的径向、轴向裂纹主要是应力集中引起的,曲轴变形和修磨不慎也会使过渡区的应力陡增,从而加剧曲轴的疲劳断裂倾向。

（4）曲轴的其他损伤

曲轴的其他损伤包括起动爪螺纹孔损伤、曲轴前后油封轴颈磨损、曲轴后凸缘固定飞轮的螺栓孔磨损、凸缘盘中间支撑孔磨损,以及皮带轮轴颈和凸缘圆跳动误差过大等。

2. 曲轴的检修

曲轴的检修主要包括裂纹的检修、变形（弯曲和扭曲）的检修和磨损的检修等。

（1）曲轴裂纹的检修

曲轴清洗后,首先应检查有无裂纹。它可用磁力探伤、浸油敲击或荧光探伤等方法进行裂纹检验。浸油敲击法,即将曲轴置于煤油中浸一会儿,取出后擦净表面并撒上白色粉末,然后分段用小锤轻轻敲击,若有明显的油迹出现,则该处有裂纹。曲轴检验出裂纹,一般应报废。

（2）曲轴弯曲的检修

检验时,将曲轴两端主轴颈分别放置在检验平板 V 形块上,将百分表触点垂直地抵在中间主轴颈上,慢慢转动曲轴一圈,百分表指针所指示的最大摆差即为中间主轴颈的径向圆跳动误差,如图 2.45 所示。

曲轴弯曲变形的校正一般可采用冷压校正法。冷压校正是将曲轴用 V 形铁架住两端主轴颈,用油压机沿与曲轴弯曲相反的方向加压,如图 2.46 所示。

（3）曲轴扭曲的检修

以六缸发动机曲轴为例,将第一、第六缸连杆轴颈转到水平位置,用百分表分别测量第一缸连杆轴颈和第六缸连杆轴颈至平板的距离,求得同一方位上两个连杆轴颈的高度差 ΔA。扭转角 θ 用以下公式计算:

$$\theta = 360\Delta A/(27\pi R) = 57\Delta A/R$$

式中　R——曲柄半径,mm。

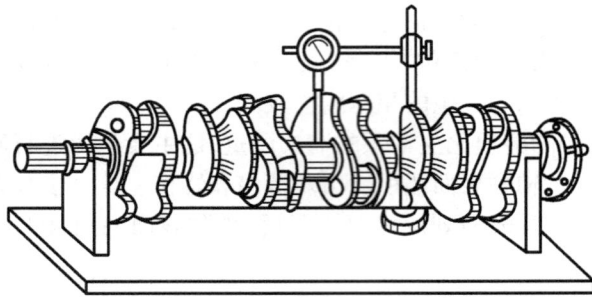

图 2.45　曲轴弯曲、扭曲变形的检验

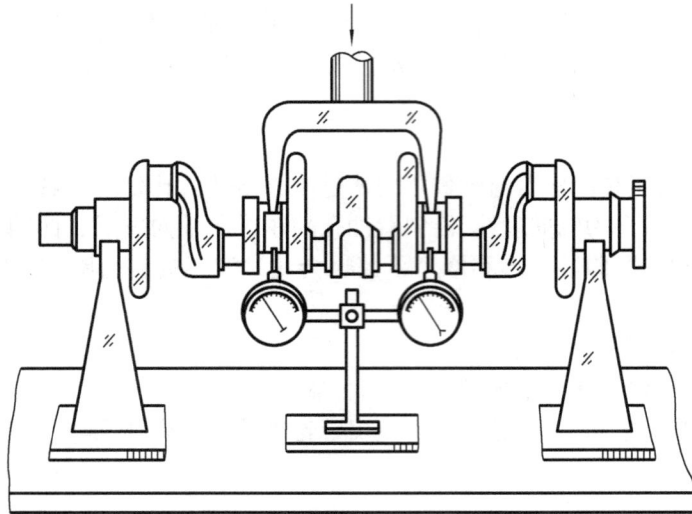

图 2.46　曲轴弯曲变形的校正

各机型的曲柄半径可查阅相关的维修资料。轴若发生轻微的扭曲变形,可直接在曲轴磨床上结合连杆轴颈磨削予以修正。

(4)曲轴轴颈磨损的检修

曲轴轴颈磨损的检验,首先检查轴颈有无磨痕,然后用外径千分尺测量曲轴各轴颈的直径,从而完成圆度和圆柱度的测量。在同一轴颈的Ⅰ—Ⅰ横截面内的圆周进行多点测量,取其最大与最小直径差值的1/2,即为该截面的圆度误差。同理测出Ⅱ—Ⅱ截面的圆度误差。该轴颈的圆度误差以两个截面中的最大值表示。在同一轴颈的全长范围内轴向移动千分尺,测其不同截面的最大值与最小值,其差值的1/2,即为该轴颈的圆柱度误差,如图2.47所示。

各机型的曲轴轴颈的标准尺寸可查阅相关的维修资料。

3.飞轮的检修

①更换齿圈。齿圈与飞轮配合过盈量为0.30~0.60 mm,更换时,应先将齿圈加热至623~673 K,再进行热压配合。

②修整飞轮工作平面。飞轮工作平面有严重烧灼或磨损沟槽深0.50 mm时,应进行修整。修整后,工作平面的平面度误差不得大于0.10 mm,飞轮厚度极限减薄量为1 mm,与曲轴装配后的端面圆跳动误差不得大于0.15 mm。

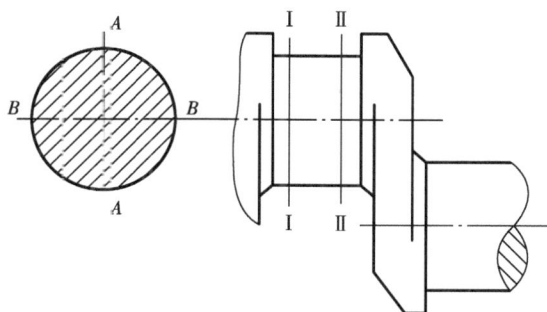

图 2.47　曲轴轴颈磨损的检验

③曲轴、飞轮、离合器总成纽装后进行动平衡试验。组件动不平衡量应不大于原厂规定的数值。更换飞轮或齿圈、离合器压盘或总成之后,都应重新进行组件的动平衡试验。

④曲轴扭转减振器的检查。若发现内环(轮毂)与外环(风扇皮带或平衡盘)之间的橡胶层脱层,内、外环出现相对转动,两者的装配记号(刻线)相错,说明扭转减振器已丧失工作能力,必须更换。

任务实施

任务一:写出曲轴飞轮组各组成部分的名称、结构特点及功用。

零件名称	结构特点	功　用

任务二:根据 1—5—3—6—2—4 的工作顺序,做出 1 缸在 0°～180°处于做功行程时,四冲程柴油机的工作循环表。

学习效果测评

学习任务三

检修柴油机配气机构

◎ **相关应用场景讨论**

发动机怠速时,若发出有节奏的"嗒、嗒"声,转速增高,响声也随之增大,发动机温度变化或做断火实验,响声不变,可能原因是机件磨损或调整不当,使其气门间隙过大,导致气门杆端与调整螺钉头部撞击。以上故障为配气机构中的气门异响,在实际生产活动中经常会碰到类似情况。如果你是工程机械维修人员,如何诊断并排除该故障呢?

◎ **知识目标**

1. 掌握配气机构构造及各组成部分的功用;
2. 掌握气门间隙与配气相位;
3. 掌握进、排气系统的构造与功用。

◎ **技能目标**

1. 能正确判断配气机构异响的原因;
2. 能按照操作规范正确装拆、检修气门组、气门传动组零件;
3. 能选取正确的清洗液和清洗方式对气门组和气门传动组零件进行清洗;
4. 能够按照正确的操作规范检查、调整气门间隙;
5. 能够完成适当的职场文件,记录所实施检修的结果。

◎ **价值引领**

1. 遵守规则、精益求精:气门间隙调整参数需参照维修标准,否则将导致进、排气门无法关闭或者开启不完全,从而降低发动机功率。
2. 职业素养:实训操作过程对接岗位需求,包括规范操作,工具使用过程中的摆放、使用后的收装,以及工位的整理、清洁等。

学习活动一　配气机构概述

学习过程

一、配气机构的功用与组成

1.配气机构的功用

配气机构的功用是根据发动机的工作需要,适时地开启和关闭各个气缸的进气门和排气门,使可燃混合气或新鲜空气及时进入燃烧室,并将燃烧后的废气及时排出气缸。

2.配气机构的组成

发动机配气机构由气门组和气门传动组组成,如图3.1所示。气门组用于封闭进、排气道;气门传动组按发动机的工况要求,控制气门的开闭时刻与开闭规律。

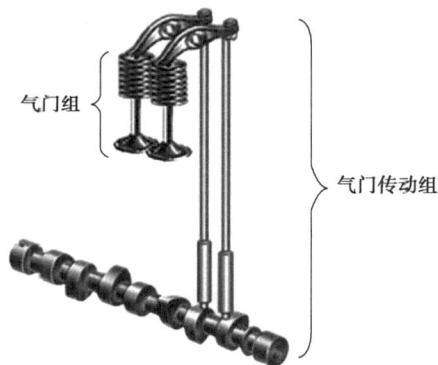

气门组

气门传动组

图3.1　配气机构的组成

3.气门的布置形式

（1）气门顶置式配气机构

气门顶置式配气机构是应用最多的一种形式,气门倒装在气缸盖上,凸轮轴装在曲轴箱内,如图3.2所示。气门顶置式发动机由于燃烧室结构紧凑,充气阻力小,具有良好的抗爆性和高速性,易于提高发动机的动力性和经济性指标,因此得到广泛应用。气门顶置式配气机构的缺点主要是气门和凸轮轴相距较远,因而气门的传动零件较多,结构比较复杂。

（2）气门侧置式配气机构

气门侧置式配气机构的进气门和排气门都装在气缸体的一侧,如图3.3所示。此种结构省去了摇臂及摇臂轴、推杆等,简化了配气机构。但是,由于气门布置在气缸体的一侧,使燃烧室的结构不紧凑,限制了压缩比的提高。此外,由于进气道拐弯多,进气流动阻力大,因而,发动机的动力性和高速性均较差。目前,这种形式的配气机构已趋于淘汰。

图3.2 气门顶置式   图3.3 气门侧置式

4.凸轮轴的布置形式

凸轮轴的布置形式可分为下置、中置和上置3种。三者都可用于气门顶置式配气机构，侧置式配气机构的凸轮轴只能下置。

（1）凸轮轴下置式配气机构

将凸轮轴布置在曲轴箱内的称为凸轮轴下置式配气机构，如图3.4（a）所示。这种配气机构应用最为广泛，其特点是：气门与凸轮轴相距较远，气门通过挺柱、推杆、摇臂传递运动和力。因传动环节多、路线长，在高速运动时，整个系统会产生弹性形变，影响气门运动规律和开启、关闭的准确性，所以，它不适应高速车用发动机。但因曲轴与凸轮轴距离较近，可以简化二者之间的传动装置，有利于整机的布置。

（a）凸轮轴下置式   （b）凸轮轴中置式   （c）凸轮轴上置式
图3.4 凸轮轴布置形式

（2）凸轮轴中置式配气机构

为了减小气门传动机构的往复运动惯性力，某些高速发动机将凸轮轴布置在气缸体上部，由凸轮轴经过挺柱直接驱动摇臂而省去推杆，这种结构称为凸轮轴中置式配气机构，如图3.4（b）所示。此结构凸轮轴的中心线距离曲轴中心线较远，若用一对齿轮来传动，齿轮的直径就会过大，这不但会影响发动机的外形尺寸，还会使齿轮的圆周速度过大，因此，一般会在中间加一惰轮。

（3）凸轮轴上置式配气机构

凸轮轴上置式配气机构中的凸轮轴布置在气缸盖上，如图3.4（c）所示。在这种结构中，凸轮轴直接通过摇臂来驱动气门。这种传动机构没有挺柱、推杆，往复运动质量大大减小，因此,它适用于高速发动机。但由于凸轮轴离曲轴中心线更远,正时传动机构更为复杂,而且拆装气缸盖也比较困难,气缸径较小的柴油机的凸轮轴上置时给安装喷油器也带来困难。

5.凸轮轴的传动方式

动力由曲轴到凸轮轴,可以通过以下3种方式:齿轮传动、链传动和齿形带传动。凸轮轴下置式和中置式配气机构大多采用圆柱形正时齿轮传动。一般从曲轴到凸轮轴的传动只需一对正时齿轮,必要时可加装中间惰轮,如图3.5所示。为了啮合平稳,减小噪声,正时齿轮多用斜齿。通常在中、小功率发动机上,曲轴正时齿轮用钢制造,凸轮轴正时齿轮则用铸铁或夹布胶木制造。为了保证装配时的配气正时,齿轮上部有正时记号,装配时必须使记号对齐。

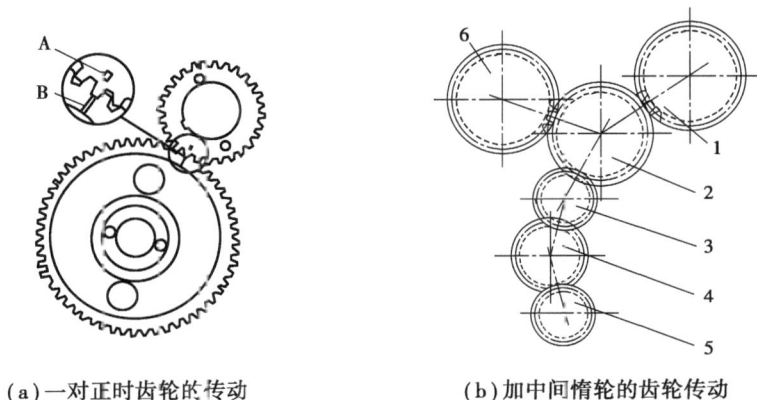

(a)一对正时齿轮的传动　　　　　(b)加中间惰轮的齿轮传动

图3.5　齿轮传动及正时记号

A—曲轴正时齿轮正时标记;B—凸轮轴正时齿轮正时标记;
1—喷油泵正时齿轮;2,4—中间惰轮;3—曲轴正时齿轮;5—机油泵传动齿轮;6—凸轮轴正时齿轮

链条和链轮的传动特别适合凸轮轴上置式配气机构。为使链条调整方便,有的发动机使用一根链条传动。与齿轮传动相比,链传动有较高的工作可靠性和耐久性,其传动性能在很大程度上取决于链条的制造质量。近年来,国内外已采用齿形皮带来代替链条(图3.6),这种齿形皮带用氯丁橡胶制成,中间夹有玻璃纤维和尼龙织物,可以增加强度。采用齿形皮带传动,对于减小噪声、提高结构质量、降低成本,都大有好处。

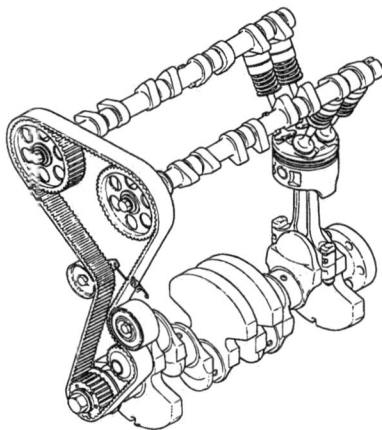

图3.6　齿形皮带传动装置

6.气门间隙

在发动机冷态装配时,气门杆末端与气门驱动零件(摇臂、挺柱或凸轮)之间留有适当的间隙,以补偿气门受热后的膨胀量,这一间隙称为气门间隙,如图3.7所示。

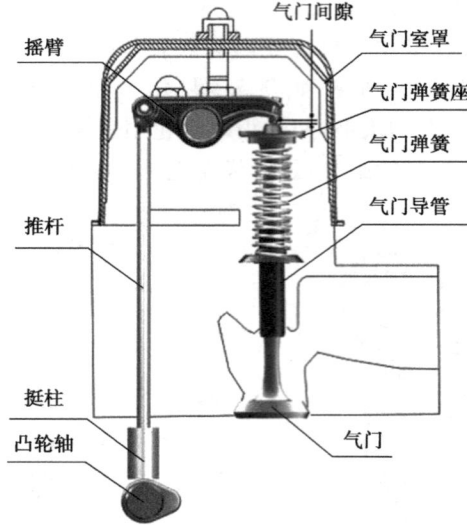

图3.7　气门间隙

气门间隙的大小由发动机制造厂根据试验确定。一般在冷态时,进气门的间隙为0.25~0.30 mm,排气门的间隙为0.30~0.35 mm。如果间隙过小,发动机在热态下可能发生漏气,导致功率下降甚至气门烧蚀;如果间隙过大,则影响气门的开启量,同时在气门开启时产生较大的冲击响声。

二、配气相位

用曲轴转角表示的进、排气门实际开闭时刻和开启持续时间,称为配气相位。通常用相对于上、下止点曲轴位置的曲轴转角的环形图来表示,这种图形称为配气相位图,如图3.8所示。

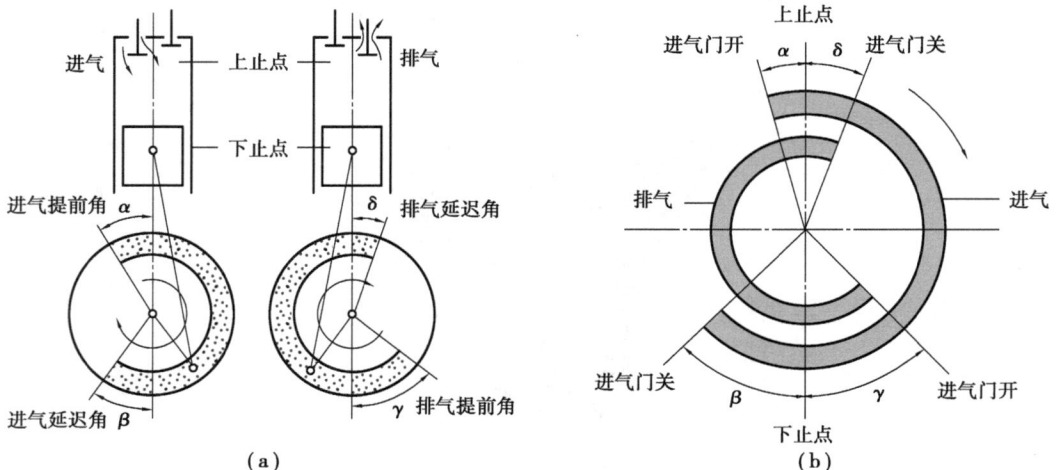

（a）　　　　　　　　　　　　　　　　　（b）

图3.8　配气相位图

理论上,四冲程发动机的进气门在曲拐处于上止点时开启,下止点时关闭;排气门则在曲拐处于下止点时开启,上止点时关闭。进气时间和排气时间各占180°曲轴转角。但实际上,由于发动机转速很高,活塞每一冲程历时相当短,如桑塔纳轿车发动机活塞每一冲程历时仅0.005 4 s,再加上用凸轮驱动气门需要一个过程,气门全开的时间就更短了。在这么短的时间内换气,势必会造成进气不足和排气不净。为了改善换气过程,提高发动机性能,故发动机气门实际开闭时刻不是恰好在曲拐处于上、下止点时,而是提前开启、滞后关闭一定的曲轴转角。也就是说,气门开启过程中,曲轴转角都大于180°。

1. 进气门的配气相位

（1）进气提前角

在排气冲程接近终了、活塞到达上止点之前,进气门便开始开启,从进气门开始开启到活塞移到上止点所对应的曲轴转角 α 称为进气提前角。进气门提前开启的目的是保证进气冲程开始时进气门已开大,减小了进气阻力,新鲜气体能顺利地进入气缸。

（2）进气滞后角

在进气冲程下止点过后,活塞又上行一段,进气门才关闭。从下止点到进气门关闭所对应的曲轴转角 β 称为进气滞后角。进气门滞后关闭的目的:当活塞到达下止点时,气缸内压力仍低于大气压力,且气流还有相当大的惯性。这时气流不但没有终止向气缸流动,甚至可能流速还比较高,仍可以利用气流惯性和压力差继续进气。

由此可见,进气门开启持续时间内的曲轴转角,即进气持续角为 α+180°+β。α 角一般为10°～30°,β 角一般为40°～80°。

2. 排气门的配气相位

（1）排气提前角

在做功冲程接近终了,活塞到达下止点之前,排气门便开始开启。从排气门开始开启到活塞移到下止点所对应的曲轴转角 γ 称为排气提前角。排气门提前开启的目的:当做功冲程活塞接近下止点时,气缸内的压力大约还有0.3～0.5 MPa,此压力对做功的作用已经不大,但仍比大气压高,可利用此压力使气缸内的废气迅速自由排出。待活塞到达下止点时,气缸内只剩约0.11～0.12 MPa 的压力,使排气冲程所消耗的功率大为减小。此外,高温废气迅速排出,还可以防止发动机过热。

（2）排气滞后角

活塞越过上止点后,排气门才关闭。从活塞移到上止点到排气门关闭所对应的曲轴转角 δ 称为排气滞后角。排气门滞后关闭的目的:当活塞到达上止点时,气缸内的残余废气压力继续高于大气压力,加之排气时气流有一定的惯性,仍可以利用气流惯性和压力差把废气排得更干净。

由此可见,排气门开启持续时间内的曲轴转角,即排气持续角为 γ+180°+δ。γ 角一般为40°～80°,δ 角一般为10°～30°。

3. 气门叠开

由于进气门在上止点前开启,而排气门在上止点后才关闭。这就出现了一段时间内进、排气门同时开启的现象,这种现象称为气门叠开,进气门和排气门同时开启的曲轴转角 α+δ 称为气门叠开角。由于新鲜气流和废气流的流动惯性都比较大,在短时间内是不会改变流向的。因此,只要气门叠开角选择适当,就不会有废气倒流入进气管和新鲜气体随废气排出的可能。相反,由于废气气流周围有一定的真空度,对排气速度有一定影响,从进气门进入的少量新鲜气体可对此真空度加以填补,还有助于废气排出。

不同的发动机,由于其结构形式、转速不同,因而配气相位也不相同。合理的配气相位应根据发动机性能要求,通过反复试验确定。

任务实施

结合所学,查找相关资料,写出组成柴油机配气机构各部件的零件名称,各部件的连接关系及功用。

组成部件	主要零件名称	各部件的连接关系	功　用
气门传动组			
气门组			

学习活动二　配气机构的构造

学习过程

一、气门组(图3.9)

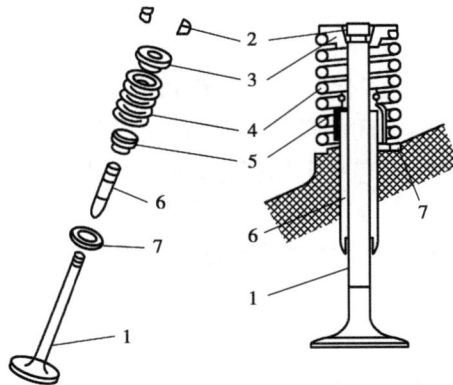

图3.9　气门组

1—气门;2—锁片;3,7—气门座;4—气门弹簧;5—油封;6—气门导管气门组包括进气门、排气门、气门导管、气门座及气门弹簧等零件。气门组的作用是保证实现对气缸的可靠密封,因此,对气门组有如下要求:

①气门头部与气门座贴合严密。

②气门导管对气门杆的上下运动有良好的导向。

③气门弹簧的两端面与气门杆中心线相互垂直,以保证气门头在气门座上不偏斜。

④气门弹簧的弹力足以克服气门及其传动件的运动惯性力,使气门能迅速闭合,并能保证气门关闭时紧压在气门座二。

1.气门

1)气门的工作条件与材料

气门在严重的热负荷、机械负荷以及冷却和润滑困难的条件下工作。为了保证气门的正常工作,除了在结构上采取措施,还应当选用耐热、耐磨、耐腐蚀的材料。根据进、排气门工作条件的不同,进气门采用一般合金钢即可,而排气门则要求用高铬耐热合金钢制造。为了节约贵重的耐热合金钢,有时采用组合的排气门,头部用耐热合金钢,杆部用一般合金钢,由两根棒料对焊。因为杆部温度不太高,只是在润滑不良的条件下与气门导管发生摩擦,对材料的主要要求是滑动性和耐磨性。

2)气门的构造

气门由头部和杆部组成。

(1)气门头部

气门头部形状有平顶、喇叭顶、球顶,如图3.10所示。

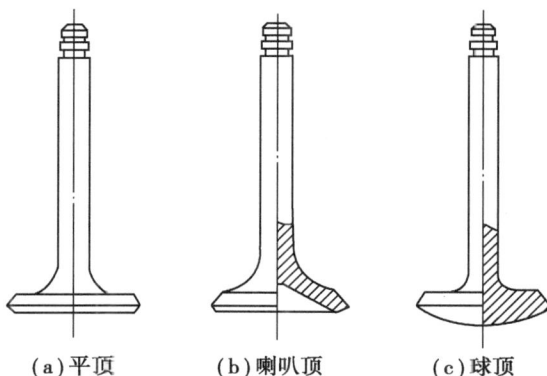

(a)平顶　　　　(b)喇叭顶　　　　(c)球顶

图3.10　气门头部的结构形式

气门头部与气门座圈接触的工作面,是与杆部同心的锥面,通常将这一锥面与气门顶部平面的夹角称为气门锥角,如图3.11所示,一般做成30°或45°。气门头部的边缘应保持一定厚度,一般为1~3 mm的圆台,以防止工作中由于气门与气门座之间的冲击而损坏或被高温气体烧蚀。

为了保证良好密合,装配前立将气门头与气门座二者的密封锥面互相研磨,研磨好的零件不能互换。进气门直径一般大于排气门直径,这是因为进气阻力对发动机动力性的影响比排气阻力大得多。在受限制的燃烧室空间(考虑到燃烧室的紧凑性、发动机的尺寸等)内布置的进、排气

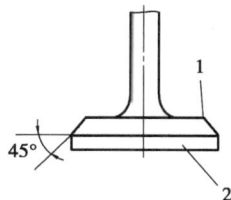

图3.11　气门锥角
1—锥面;2—圆台

门,显然应当适当加大进气门,并适当减小排气门。有时为了加工简单,把进、排气门直径做成一样,在这种情况下,往往在排气门头部刻有排气标记,以防装错。

(2)气门杆部

气门杆是圆柱形,在气门导管中不断进行上、下往复运动。气门杆部应具有较高的加工精度和较小的表面粗糙度,与气门导管保持正确的配合间隙,以减小磨损和起到良好的导向、散热作用。气门杆尾部结构取决于气门弹簧座的固定方式,如图3.12所示。常用的结构是用剖分或两半的锥形锁片来固定气门弹簧座[图3.12(a)],这时气门杆的尾部可切出环形槽来安装锁片。也可以用锁销来固定气门弹簧座[图3.12(b)],对应的气门杆尾部应有一个用来安装锁销的径向孔。

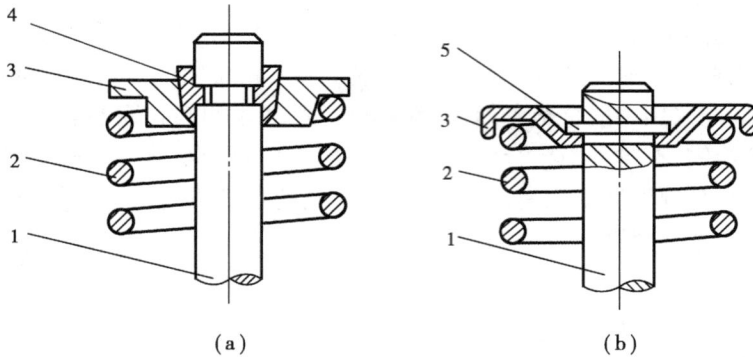

(a)　　　　　　　　　　(b)

图3.12　气门弹簧座的固定方式
1—气门座;2—气门弹簧;3—气门弹簧座;4—锥形锁片;5—锁销

2.气门座

气门座与气门共同执行密封功能,可以直接在气缸盖(气门顶置时)或气缸体(气门侧置时)上镗出,也可以用耐热钢、球墨铸铁或合金铸铁单独制成,然后压入气缸盖或气缸体的相应孔中(图3.13)。增压柴油机,由于完全排除了从气门导管获得机油的可能,进气门座的磨损尤为突出。因此,进气门就更需要镶座,而且往往采用30°的气门锥角,以抵消因弯曲而引起的锥面上的相对滑动。

3.气门导管

气门导管的功用主要是起导向作用,保证气门做直线往复运动,使气门与气门座正确配合。此外,气门导管还在气门杆与气缸盖之间起导热作用。气门导管的材料一般为铸铁或球墨铸铁。近年来,我国广泛应用铁基粉末冶金导管,它在不良润滑条件下工作可靠,磨损很小,同时工艺性好,造价低。导管内、外圆柱面经加工后压入气缸盖的气门导孔中,然后再精铰气门导管内孔。为了防止气门导管在使用过程中松落,有的发动机对气门导管用卡环定位,如图3.13所示。

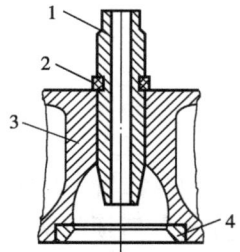

图3.13　气门座和气门导管
1—气门导管;2—卡环;
3—气缸盖;4—气门座

4.气门弹簧(图3.14)

气门弹簧位于气缸盖与气门杆尾端弹簧座之间,起如下作用:
①使气门关闭时贴合紧密;

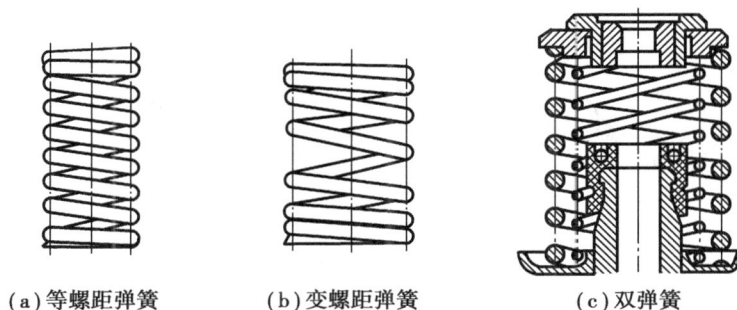

(a)等螺距弹簧　　　　(b)变螺距弹簧　　　　(c)双弹簧

图3.14　气门弹簧

②防止各传动零件之间因惯性力而产生间隙,保证气门按凸轮轮廓曲线的规律关闭;

③防止发动机振动时,气门产生跳动而导致关闭不严。

为保证上述作用的发挥,气门弹簧的刚度一般都很大,而且在安装时进行了预压缩,因此预紧力很大。

气门弹簧多采用优质合金钢丝卷绕成螺旋状,弹簧两端磨平,以防止在工作中弹簧产生歪斜。随着转速的提高,弹簧产生共振而折断的可能性增加,加粗弹簧直径,减小弹簧圈径,可以提高弹簧的共振频率,防止弹簧共振。另外,变螺距弹簧[图3.14(b)]各圈之间的螺距不等,在弹簧压缩时,螺距较小的弹簧两端逐渐贴合,使有效圈数逐渐减少,共振频率逐渐提高,也可避免共振发生。

目前,大多数发动机采用双弹簧结构[图3.14(c)],两个弹簧的刚度不同,固有频率不同,若一个弹簧进入了共振工况,另一个弹簧可起减振作用。采用双弹簧不仅可以防止共振,还可保证安全。因为如果其中一个弹簧折断,另一个弹簧尚能继续工作,不致立即发生气门落入气缸的事故。采用双弹簧时,内、外弹簧的螺旋方向应相反,以免互相干扰。当一个弹簧断裂时,不致嵌入另一弹簧匝内,使另一弹簧卡住造成配气机构零件损坏。在高速发动机中,还可在弹簧内圈加阻尼摩擦片来消除共振。

二、气门传动组

气门传动组主要包括凸轮轴、正时齿轮、挺柱及其导管,气门顶置式配气机构还有推杆、摇臂和摇臂轴等。气门传动组的作用是使进、排气门能按配气相位规定的时刻开闭,且保证有足够的开度。

1.凸轮轴

凸轮轴主要由凸轮、轴颈等组成(图3.15)。凸轮受到气门间歇性开启的周期性冲击负荷,因此,要求凸轮表面耐磨,凸轮轴要有足够的韧性和刚度。凸轮轴一般用优质锻钢或特种铸铁制成,也可采用合金铸铁或球墨铸铁制造。凸轮和轴颈的工作表面经热处理后,会进行精磨和抛光,以提高其硬度及耐磨性。

同一气缸的进、排气凸轮的相对角位置是与既定的配气相位相适应的。发动机各个气缸的进气(或排气)凸轮的相对角位置应符合发动机各气缸的发火次序和发火间隔时间的要求。因此,根据凸轮轴的旋转方向以及各进气(或排气)凸轮的工作次序,就可以判定发动机的发火次序。

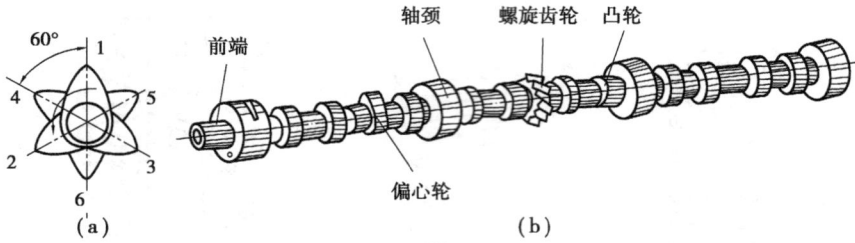

图 3.15　凸轮轴

凸轮的轮廓应保证气门开启和关闭的持续时间符合配气相位的要求,且使气门有合适的升程(它决定了气门通道面积)及其升降过程的运动规律。凸轮轮廓形状如图 3.16 所示。O 点为凸轮旋转中心。EA 为以 O 点为中心的圆弧。当凸轮按图中箭头方向转过弧 EA 时,挺柱不动,气门关闭。凸轮转过 A 点后,挺柱(液压挺柱除外)开始上移至 B 点,气门间隙消除,气门开始开启。凸轮转到 C 点,气门升度达最大。凸轮转到 D 点,气门闭合终了。ϕ 对应着气门开启持续角,ρ_1,ρ_2 分别对应着消除和恢复气门间隙所需的转角。凸轮轮廓 BCD 凸段的形状决定了气门的升程及其升降过程的运动规律。

在一根凸轮轴上,各气缸的同名凸轮彼此间的夹角称为同名凸轮配角,它应符合发动机的工作顺序;同一气缸的异名凸轮彼此间的夹角称为异名凸轮配角,它应保证一个工作循环中对进、排气门开闭时间的要求。根据这一原则,四冲程发动机每完成一个工作循环,曲轴旋转两周而凸轮轴只旋转一周。假设某四缸发动机的工作顺序为 1—2—4—3,各气缸同名凸轮配角为曲轴的连杆轴颈配角的 1/2,即 180°/2 = 90°[图 3.17(a)]。同样,某工作顺序为 1—5—3—6—2—4 的六缸四冲程发动机,各气缸同名凸轮配角为 60°(120°/2)[图 3.17(b)]。

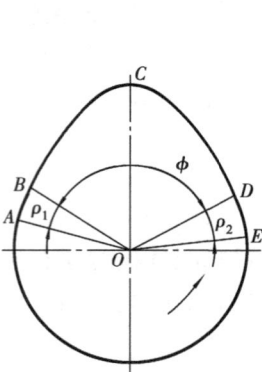

图 3.16　凸轮形状示意图

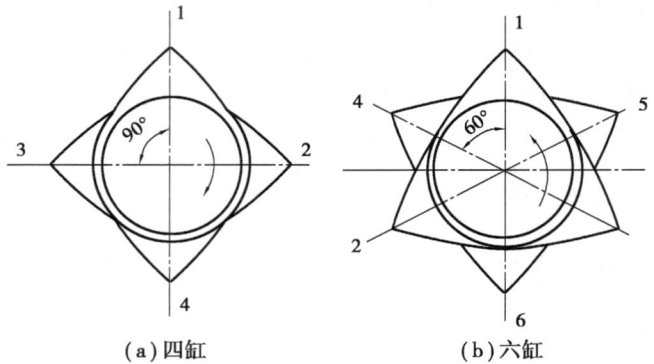

图 3.17　同名凸轮配角的位置

凸轮轴由曲轴通过传动装置驱动,通常采用一对正时齿轮传动。小齿轮和大齿轮分别用键安装在曲轴和凸轮轴的前端,其传动比为 2∶1。在装配曲轴和凸轮轴时,必须将齿轮正时标记对齐,以保证正确的配气相位和点火时刻。

由于凸轮轴的驱动齿轮通常采用斜齿轮,有的大型车辆发动机上还采用锥齿轮驱动。因此,凸轮轴不可避免地受到一定的轴向力。为了保持凸轮轴轴向位置的正确性,凸轮轴需要进行轴向定位。常用的轴向定位方法有以下几种:

①止推轴承定位。如图 3.18(a)所示,止推轴承定位就是控制凸轮轴的第一轴颈上的两端凸肩与凸轮轴承座之间的间隙,以限制凸轮轴的轴向移动。

②止推片轴向定位。如图 3.18(b)所示,止推片安装在正时齿轮与凸轮第一轴颈之间,且留有一定的间隙,从而限制了凸轮轴的轴向移动量。

③止推螺钉轴向定位。如图 3.18(c)所示,止推螺钉拧在正时齿轮室盖上,并用锁紧螺母锁紧。调整止推螺钉拧入的程度就可以调整凸轮轴的轴向移动量。

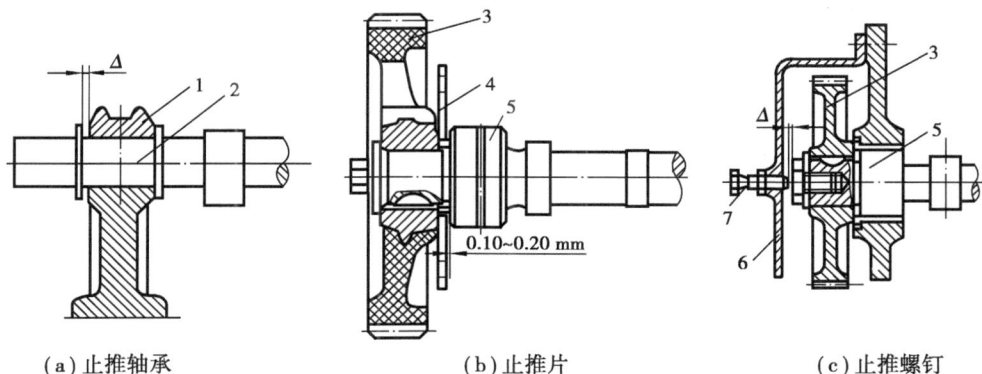

(a)止推轴承　　　　　　(b)止推片　　　　　　(c)止推螺钉

图 3.18　凸轮轴轴向定位的方式
1—凸轮轴承座;2—第一轴颈;3—正时齿轮;4—止推片;
5—凸轮轴颈;6—正时齿轮室盖;7—止推螺钉

2.挺柱

挺柱可分为普通挺柱和液力挺柱两种,其作用是将凸轮的推力传递给推杆或气门杆,并承受凸轮轴旋转时所施加的侧向力,将其传给机体或气缸盖。挺柱常用碳钢、合金钢、合金铸铁等制成。

(1)普通挺柱

气门顶置式配气机构采用的挺柱有简式和滚轮式两种结构形式,如图 3.19 所示。简式挺柱底部钻有径向通孔,便于筒内收集的机油流出,对挺柱底面及滚轮加以润滑,滚轮式挺柱可以减少磨损,但结构较复杂,质量较大,多用在大缸径柴油机的配气机构上。

(2)液力挺柱

由于气门间隙的存在,发动机工作时,配气机构中将产生撞击而发出噪声。为消除这一弊端,有些发动机采用了液力挺柱,在高转速、乘用车和轻型柴油机中应用较多。采用液力挺柱,消除了配气机构中的间隙,减小了各零件的冲击负荷和噪声。同时,凸轮轮廓可以设计得陡一些,以便气门开启和关闭得更快,减小进、排气阻力,改善发动机的换气,提高发动机的性能,特别是高速性能。但液力挺柱结构复杂,加工精度要求较高,而且磨损后无法调整,只能更换。

3.推杆

推杆的作用是将凸轮轴经过挺柱传来的推力传给摇臂,它是配气机构中最易弯曲的细长零件。为了减小质量并保证足够的刚度,推杆通常采用冷拔无缝钢管制成。对于气缸体和气缸盖都是铝合金制造的发动机,其推杆最好用硬铝制造。推杆可以是实心的,也可以是空心的,如图 3.20 所示。

(a)筒式　　　(b)滚轮式

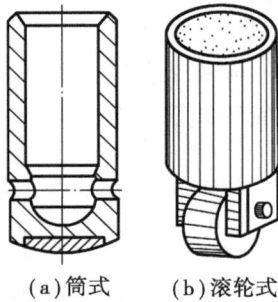

图 3.19　普通挺柱　　　　　图 3.20　推杆

4.摇臂

摇臂的功用是将推杆和凸轮传来的力改变方向,作用到气门杆端以推开气门。摇臂实际上是一个双臂杠杆(图 3.21),其两臂长的比值约为 1.2~1.8,其中一端是推动气门的。端头的工作表面一般制成圆柱形表面,当摇臂摆动时可沿气门杆端面滚滑,这样使两者之间的力尽可能沿气门轴线作用。摇臂内还钻有润滑油道和油孔,在摇臂的短臂一端装有用以调整气门间隙的调节螺钉及锁紧螺母,螺钉的球头与推杆端的凹球座相接触。

摇臂

图 3.21　摇臂

摇臂通过衬套空套在摇臂轴上,而后者又支撑在支座上,摇臂上还钻有油孔。摇臂轴为空心管状结构,机油从支座的油道经摇臂轴内腔和摇臂中的油道流向摇臂两端进行润滑。为防止摇臂窜动,在摇臂轴上每两摇臂间都装有定位弹簧。摇臂的材料一般为中碳钢,也可以采用铸铁或铸钢精锻而成。为提高耐磨性,支座的摇臂轴孔内装有青铜衬套或滚针轴承。

此外还有一种无噪声摇臂,其结构及工作过程如图 3.22 所示。

凸环的作用是消除气门和摇臂之间的间隙,从而消除由此产生的冲击噪声。凸环以摇臂一端为支点,靠在气门杆的端面上。当气门关闭时,在弹簧作用下,柱塞推动凸环向外摆动,消除气门间隙。当气门开启时,推杆向上运动推动摇臂,由于摇臂已经通过凸环与气门杆部处于接触状态,因而不会产生冲击噪声。

（a）气门关闭　　　　　（b）气门正在开启

（c）气门开启　　　　　（d）气门正在关闭

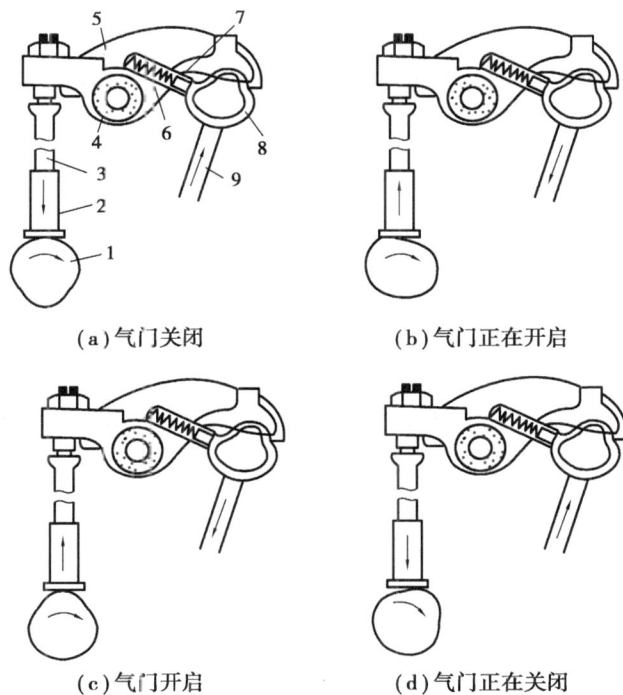

图 3.22　无噪声摇臂的工作过程

1—配气凸轮;2—挺杆;3—推杆;4—摇臂轴;5—摇臂;6—弹簧;7—柱塞;8—凸环;9 气门杆部

任务实施

正确说出配气机构各组成部件的名称,熟悉配气机构总成。小组协作,查找资料,写出配气机构润滑油路。

配气机构润滑油路:

学习活动三　进、排气系统的构造与维修

学习过程

一、进、排气系统的工作过程

进、排气系统的作用是按照柴油机工况需要,定时定量向气缸供给清洁的空气,将燃烧后的废气排入大气。柴油机吸气形式有以下 3 种:自然吸气型(NA)、增压型(T)和增压中冷型(TA)。依靠增压技术,柴油机在缸径、行程和转速不变的情况下,只需利用排出的废气,就可逐级提高它的功率和转矩,无机械功率损耗,最高可提高功率 100%(30% ~ 100%),因而可扩大同一系列内的柴油机的功率范围和应用范围。

增压中冷柴油机进、排气系统如图 3.23 所示,整个进排气系统包括空气滤清器、增压器、进气管、中冷器、排气歧管、消声器等装置,其工作过程如下:

①当新鲜空气(假设环境温度为 20 ℃)经过空气滤清器滤清后,进入增压器压气机进气口,经增压后,从压气机出气口进入进气管道,空气密度增加,温度升高;压气机出气口处的空气温度为 135 ℃,经过进气管,增压后的新鲜空气流至中冷器进气口端时温度为 130 ℃。

②经过中冷器冷却后,空气从中冷器出气口出来,温度降为 50 ℃,然后进入柴油机进气管。当到达各缸缸盖进气道内时,空气温度稍有升高,为 55 ℃,新鲜空气经过气门吸入气缸,经过压缩,空气温度、密度骤增,活塞达到上止点前,喷入的柴油达到所需的自燃温度和压力,空气与燃油混合燃烧后膨胀做功。

③进入排气行程时,排气门打开,废气经过缸盖气道时的温度高达 600 ℃,经过排气歧管(每三缸一根)进入增压器涡轮,高温废气推动涡轮高速旋转后从涡轮出气口排出,温度降为445 ℃,经过排气制动阀体通道和活动球节管进入消声器,经过消声、颗粒吸附后排入大气。

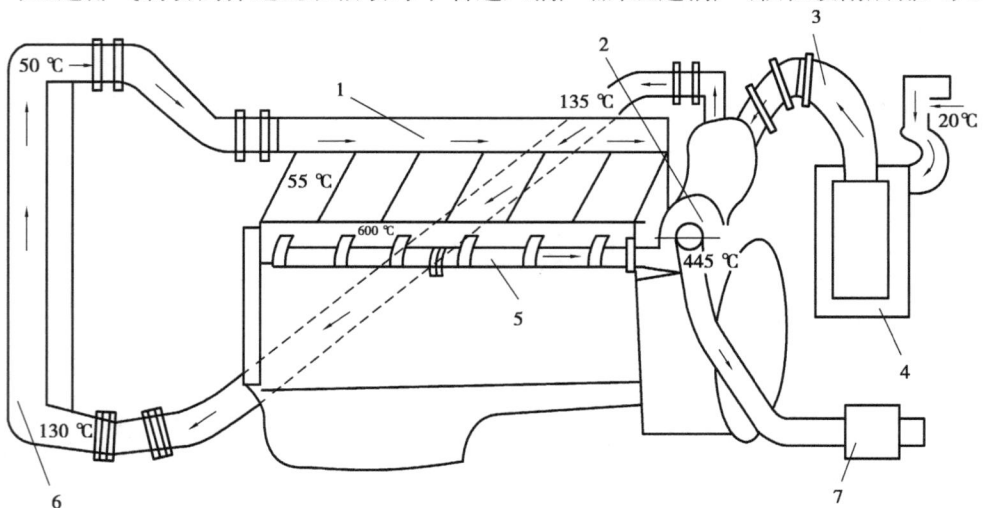

图 3.23　增压中冷柴油机进、排气系统图

1—进气管;2—增压器;3—进气胶管;4—空气滤清器;5—排气歧管;6—中冷器;7—消声器

二、进、排气系统主要部件的作用与结构

1. 进、排气歧管

柴油机的进气总管通过进气歧管与气缸盖上进气道入口相连,将滤清过的空气导入燃烧室。排气总管通过排气歧管与气缸盖上的排气出口相连,将燃烧过的废气排入大气。进、排气管可以用铸铁或铝合金铸造成型,也可以通过冲压后焊接制成。

进、排气歧管结构随进气形式不同而异。图 3.24 所示为一款增压中冷柴油机进气歧管,该进气歧管进口朝前,采用铸铝合金压铸制造,呈扁口形。

图 3.24　某增压中冷柴油机进气歧管

增压机型排气歧管一般分成前、后两组。图 3.25 所示为一款增压中冷六缸柴油机排气歧管(前三缸为前排气歧管,后三缸为后排气歧管),采用带夹层的双出口孔排气歧管,两歧管间互相套接。

图 3.25　某增压中冷柴油机排气歧管

2. 废气涡轮增压与中冷系统

1)增压的原因

提高柴油机功率最有效的措施是增加供油量,使燃烧时产生更多的热能。但增加供油量时必须同时增加空气供给量,以便柴油得以充分燃烧。增加空气供给量的方法之一是进气增压。所谓进气增压,就是提高进入柴油机气缸的空气压强或密度,从而达到提高动力性和经济性的目的。

四冲程柴油机的增压多采用废气涡轮增压,即利用排出废气的能量来带动涡轮增压器工作。在非增压柴油机中,废气带走的能量约占柴油机能量的 30% ~40%,废气涡轮增压利用这部分能量,使高温高速的废气驱动压气机叶轮高速旋转,压缩进入气缸的空气。柴油机采用废气涡轮增压可使功率提高 30% ~100%。

2)中冷的原因

进入气缸的空气,通过废气涡轮增压器后,由于受压缩功的影响,进气温度大幅度提高,全负荷时气温一般达到 135 ℃左右,因而空气密度明显下降,导致空气量减少,从而限制了功率的进一步提高,因此出现了"增压中冷"技术。"增压中冷"是将柴油机冷却液或前端的进风穿过"中冷器"(即热交换器),将已增压过的柴油机进气温度进行"中间冷却"。采用增压中冷技术的柴油机称为增压中冷型柴油机,其功率比增压型可进一步提高,燃油消耗率也相应进一步改善。

3）废气涡轮增压器的结构

如图3.26所示，废气涡轮增压器由涡轮和压气机两个基本部分组成。涡轮的进气口与柴油机的排气管相连接，压气机的出气口与柴油机的进气管或中冷器相连接。由于柴油机排出的废气仍有一定能量，便驱动废气涡轮旋转，同时涡轮又带动同轴上的压气机叶轮旋转，空气压缩机对吸进的新鲜空气进行压缩，使其密度提高，从而提高了进气压力，增加了充气量，提高了柴油机功率。

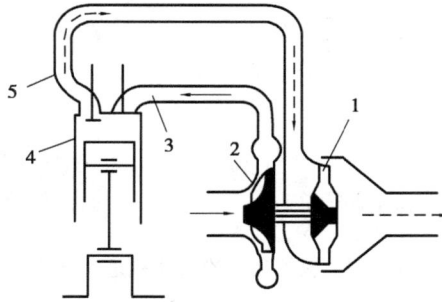

图3.26　废气涡轮增压器系统示意图
1—涡轮;2—压气机;3—进气管;4—柴油机;5—排气管

从上述可以看出，废气涡轮增压器是利用柴油机排出的废气来驱动的，涡轮增压器与柴油机之间无任何机械传动关系。实际的废气涡轮增压器除了涡轮的空气压缩机，还设有支撑装置、密封装置、润滑系统和冷却系统。不同厂家生产的柴油机所用废气涡轮增压器虽然型号不同，但基本结构相似。涡轮一端安装在排气歧管的凸缘上，压气机一端安装在进气歧管上或与中冷器通过管路连接。

图3.27所示为典型废气涡轮增压器结构图。

涡轮部分：由涡轮叶轮及轴、涡轮壳等零件组成。

压气机部分：由压气机叶轮、压气机壳等零件组成。压气机叶轮用防松螺母固定在废气涡轮轴上，构成废气涡轮增压器的转动部分，称为转子。

支撑装置：由装在中间壳中分别靠近压气机端和涡轮端的轴承、护板、止推盘等组成。支撑装置使转子可靠地定位于中间壳上，可以限定转子工作时在轴向和径向的活动范围。

密封装置：由油封总成、气封环等组成。压气机端的密封装置主要是密封压气机内的高压空气和防止油腔内的机油进入压气机。涡轮端密封装置是防止高温废气进入油腔，以确保机油不发生变质。

4）中冷器的结构

中冷器即空气中间冷却器，是将增压后的空气在进入气缸前进行中间冷却的装置。增压柴油机采用中冷后，使其进入气缸的空气温度降低，密度增加，从而增加进气量，可以进一步提高柴油机的功率并改善其经济性和热负荷。通常，中冷器的冷却介质有水和空气。与此相应的有水对空中冷系统、空对空中冷系统两种类型。图3.28所示为水对空中冷器，一般用于大功率柴油机，它由中冷器壳及中冷器芯等组成。中冷器壳分为中冷器盖和中冷器体两部分。中冷器盖通过进气歧管与空气压缩机相连，中冷器还将进气歧管与气缸盖进气口相连。中冷器芯由铜合金管子组成。柴油机冷却液从中冷器后端的进水接头进入中冷器芯中，然后由前端出水口流向节温器。空气由增压器压送到中冷器，流过中冷器受到冷却液的冷却，降温后进入气缸。

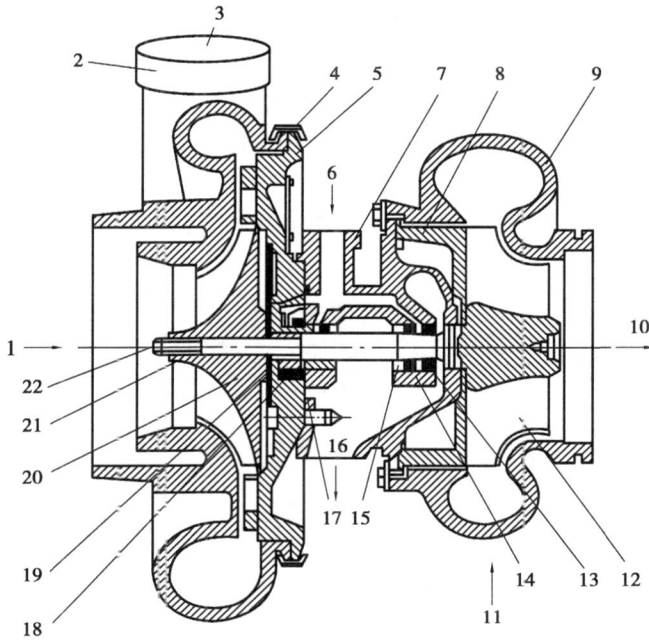

图 3.27　废气涡轮增压器结构图

1—空气入口;2—压气机壳;3—空气出口;4—V 形卡环;5—后板;6—机油进口;7—中间壳;8—护板;
9—涡轮壳;10—排气出口;11—排气进口;12—涡轮叶轮及轴;13—增压器浮动轴承;14—轴承壳;15—卡环;
16—机油出口;17—止推盘;18—止推环;19—油封总成;20—压气机叶轮;21—防松螺母;22—废气涡轮轴

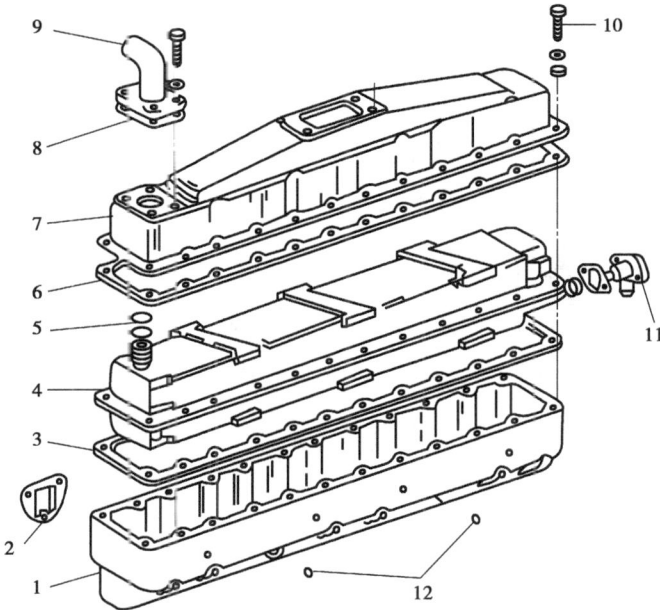

图 3.28　水对空中冷器

1—中冷器体;2—进气歧管垫片;3—垫片;4—中冷器芯;5—O 形圈;6—中冷器盖垫片;
7—中冷器盖;8—垫片;9—出水接头;10—螺钉;11—进水接头;12—螺塞

61

图 3.29 所示为空对空中冷器,一般用于中小功率柴油机。中冷器安装在柴油机冷却液散热器前面,增压空气从中冷器右气室进入中冷器内部,沿着冷却管横向流动,到达左气室。与此同时,由于冷却风扇的抽吸作用,外部环境空气发生强制对流,从车辆前端流经中冷器芯部、散热器芯部、护风罩,再流经柴油机机舱,最后流向柴油机后部,排入大气。在环境空气被强制通过中冷器芯部的过程中,高温增压空气和低温环境空气通过中冷器芯部的冷却管壁和散热带产生热交换,使高温增压空气在流经中冷器时得到冷却。被冷却后的增压空气流出中冷器左气室后,流经中冷器出气胶管以及柴油机进气胶管,进入柴油机进气管,到达柴油机进气歧管。

图 3.29　空对空中冷器

3. 空气滤清器

空气滤清器按工作原理分,有惯性式(离心式)空气滤清器、过滤式空气滤清器;按滤芯材料分,有纸滤芯(干式、湿式)空气滤清器、铁丝网滤芯空气滤清器等。

惯性式空气滤清器是利用气流高速旋转的离心力作用,将空气中的尘埃和杂质分离;过滤式空气滤清器则是利用滤芯材料滤除空气中的尘埃和杂质。纸质滤芯有干式和湿式两种,湿式纸质滤芯经油浸处理,使用寿命更长,滤清效果更好,但不能反复使用,需定期更换。干式纸质滤芯可以反复使用。图 3.30 所示为工程机械柴油机常用的双层干式空气滤清器。

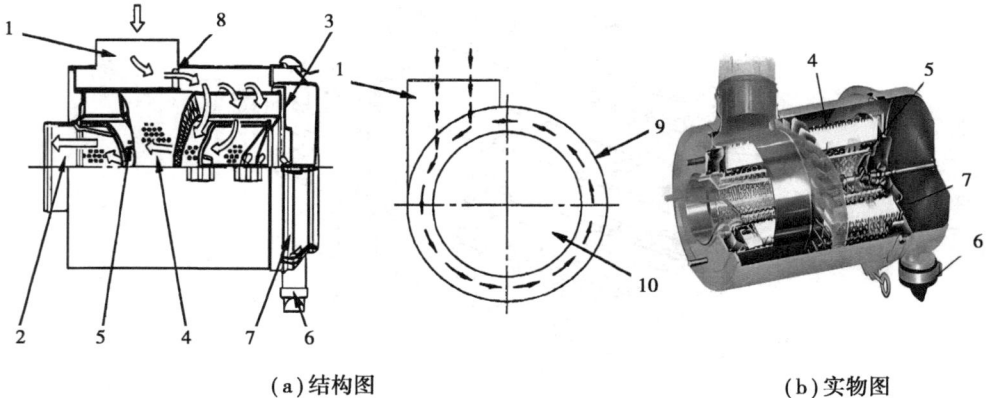

(a)结构图　　　　　　　　　　　　　　　(b)实物图

图 3.30　双层干式空气滤清器

1—进口;2—出口;3,8—旋流片;4—外滤芯;5—内滤芯;
6—真空继动阀;7—集尘箱;9—滤清器壳体;10—主滤芯

空气通过旋流片后产生旋转,在额定空气流量时,80%以上的灰尘在离心力作用下分离,把尘土沉积在集尘箱内,使到达滤纸上的较细尘土约为吸入量的 20% 左右。集尘箱就是收集被旋流片甩出来的较粗尘土的装置。当柴油机停机,负压消失后,真空继动阀自动打开,将集尘箱中积存的灰尘颗粒自动排出。通过滤纸将送入柴油机的空气过滤净化,滤纸被叠成皱褶状,以扩大空气的流通面积。工程机械柴油机多用双层滤芯,即外滤芯和内滤芯组成的主滤芯。为了防止主滤芯发生意外,例如出现破损或漏灰,有些空气滤清器增加了一道安全滤芯,以保护柴油机不受损坏。在进口处增加防雨帽可防止尘土、外来物、雨雪直接进入进气管。在出口处安装堵塞指示器,当空气滤清器需要保养,进气阻力运到 (6.0±0.5) kPa 时,驾驶舱内的指示灯亮,发出保养信号,提示驾驶人立即对空气滤清器进行保养或更换。

三、进、排气系统的检修

1. 检修废气涡轮增压器

（1）涡轮增压系统的维护管理

由于涡轮增压系统转子转速高,气流流速高,工作温度高,因此涡轮增压器在运转中应保持转子良好的静平衡和动平衡,轴承要有良好的润滑,流道要清洁并保持可靠冷却。涡轮增压系统的污阻会使气体流动阻力增大,涡轮增压系统效率下降,增压空气流量减小。空气冷却器污阻同时还会导致扫气的温度升高,密度降低,使进入柴油机气缸的空气量减少,温度升高,从而导致柴油机燃烧恶化,热负荷增加,可靠性下降,燃油消耗率上升。严重污阻还会导致熄火。增压度越高,涡轮增压系统各部件污阻对柴油机的影响就越大,因此必须定期对涡轮增压器的主要部件进行清洗。

（2）废气涡轮增压器的清洗

①定期清洗涡轮端。

②水洗法:在低负荷时进行,使用专设的水洗装置进行清洗,通常水洗时间约为 10 min,清洗后应在低负荷下运转 5~10 min。

③干洗法:有的废气涡轮增压器的涡轮用喷入果壳颗粒的方法进行干洗。清洗应在负荷下进行,负荷低于 50% 时不可清洗。

④压气机侧的清洗:水洗应在柴油机高负荷时进行,以增强水滴的撞击作用。在前后 30 min 内,应将气缸油注油量加大 50%~100%,以保证气缸套免受腐蚀。清洗后将柴油机在全负荷下运行 10 min 左右,以保证增压器完全干燥。

（3）增压器的日常管理

①在运转中应测量和记录各主要运行参数:各气缸排气温度、涡轮前后温度、转速、轴承机油的温度和压力等。

②增压器运行时,应经常用专用工具倾听增压器中有无异常响声。

③增压器是高速回转机械,应特别注意轴承的润滑。

④如果柴油机停车时间较长（超过一个月）,应人工将增压器转子转动一个位置,防止转子轴弯曲变形。

⑤拆装增压器时,应事先阅读说明书,了解其内部结构、拆装顺序和所需的工具。

2. 检修中冷器

对于水对空中冷器而言,如果被污染,则会对柴油机性能产生极大的影响。空气流动侧的污染会降低进气压力和密度。不管是空气侧还是冷却液侧的污染,都会降低冷却器的冷却能力,使充气温度上升,密度减小。上述不利影响,将使柴油机动力性下降,冒黑烟,这时应对中冷器予以清洗。

3.检修空气滤清器

空气滤清器在使用过程中必须严格按使用手册进行保养,注意事项如下:

①每隔250工作小时必须对空气滤清器的滤芯进行一次清洁,并进行检查。清洁空气滤清器滤芯时,先在平板上轻轻拍打滤芯端面,并用压缩空气从滤芯里面向外吹。

②如果车上装有滤芯堵塞警报器,当指示灯亮时,必须及时清洁滤芯。

③应每隔1 000工作小时更换空气滤清器的滤芯。

④经常清理排尘袋,不要使集尘箱内积尘太多。

⑤如果在灰尘大的地区,根据情况应将清洁滤芯和更换滤芯的周期缩短。

保养或更换滤芯时注意以下程序:

①拧松蝶形螺母取下后盖,清除集尘箱中的积灰,再取出主滤芯,用压缩空气从滤芯内部向外反吹进行保养。严禁用油、水清洗。

②主滤芯保养后应仔细检查,若发现滤纸破漏、滤芯端盖脱胶等缺陷,或在正常使用时保养5~6次后,必须更换新滤芯。

③安全滤芯不需保养,若主滤芯破漏,安全滤芯上会黏附很多灰尘,或正常使用500工作小时后,应更换安全滤芯。

④主滤芯保养后,应注意正确安装,切勿遗漏零件。不得将空气滤清器外壳敲扁,否则无法取出滤芯进行保养更换。后盖及各滤芯上的蝶形螺母应拧紧,以保证密封,并应使排尘袋垂直向下。

⑤装配时检查所有密封圈,保证完好,否则应进行更换。

任务实施

小组协作,查找资料,写出任意一款市面上常见的国六发动机进、排气路线图,并标明柴油机型号。

学习活动四　配气机构的维护与检修

学习过程

一、气门间隙的检查和调整

气门间隙通常会因配气机构零件的磨损、变形而发生变化。间隙过大会使气门升程不足，引起进气不充分，排气不彻底，并出现异响。间隙过小会使气门关闭不严，造成漏气，易使气门与气门座的工作面烧蚀。因此，在发动机的使用和维护过程中，应按原厂规定的气门间隙进行检查和调整。

气门间隙的检查和调整应在气门完全关闭，而且气门挺柱落在最低位置时进行，调整气门间隙通常有两种方法。

（1）逐缸调整法

逐缸调整法也就是一个缸一个缸地调整。根据气缸点火次序，逐缸地在压缩行程终了时调整这一气缸的进、排气门。对于凸轮轴各道凸轮磨损不均的发动机，宜采用此法。调整程序如下：

①将第一缸活塞摇至压缩行程上止点（看配气正时记号），此时第一缸进、排气门同时完全关闭，可同时调整。调整方法如图 3.31 所示，旋松锁止螺母，将厚度符合规定间隙的塞尺插入气门间隙，旋转调整螺钉（母），同时来回拉动塞尺，以感到有轻微阻力为合适，然后将锁止螺母可靠地紧固。

②第一缸调整好后，顺时针转动曲轴 $720°/i$（i 为四冲程发动机的气缸数），如四缸发动机再摇转曲轴 $720°/4 = 180°$。按发动机点火顺序（做功顺序）调整下一个气缸的进、排气门，以此类推，直至逐缸调整完。

③进行复查，若气门间隙有变化，还须重新调整。

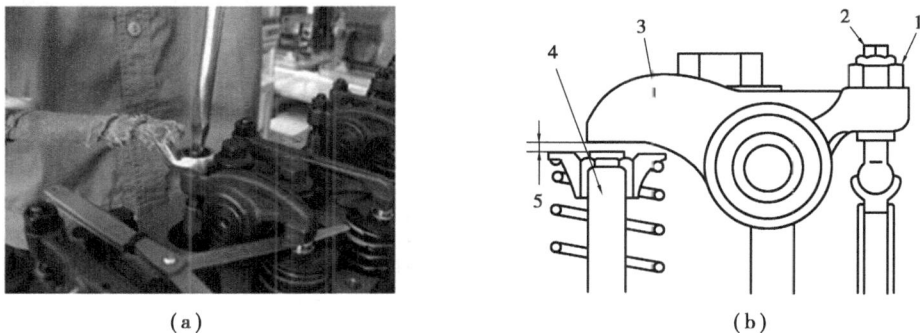

图 3.31　气门间隙的调整

1—锁紧螺母；2—调整螺母；3—摇臂；4—气门杆；5—气门间隙

（2）两次调整法

两次调整法是根据发动机的工作循环、点火顺序、曲轴配气角和气门实际开闭角度的推算，在第一缸或第四（六）缸压缩终了时，除了调整本气缸的两个气门，还可以调整其他气缸完全关闭的气门。曲轴再旋转大约一圈后，可以将上次未调整的气门间隙全部调整好。

只需摇两次曲轴,就可以全部调整完。具体方法举例如下:

①四缸发动机。例如,发动机气缸工作次序为1—3—4—2。当第一缸活塞处于压缩上止点时:1(双)—3(排)—4(不)—2(进),即第一缸可调进、排气门,第三缸可调排气门,第四缸不可调,第二缸可调进气门;当第四缸活塞处于压缩上止点时,调整第一次不可调的气门,两次正好调完所有气门间隙。

②六缸发动机。例如,直列式六缸发动机工作顺序为1—5—3—6—2—4。当第一缸活塞处于压缩上止点时:1(双)—5、3(排)—6(不)—2、4(进);当第六缸活塞处于压缩上止点时:6(双)—2、4(排)—1(不)—5、3(进)。

(3)一缸压缩上止点的确定

①正时记号结合气缸压力法。将第一缸火花塞(喷油器)拆下,并用棉纱堵住火花塞孔(喷油器孔),然后缓慢摇动曲轴。当正时记号对正且棉纱在高压下喷射出去时,停止摇动曲轴,此时第一缸处于压缩上止点。

②分火头判断法。先记下第一缸分高压线的位置,然后打开分电器盖,转动曲轴,当分火头与第一缸分高压线位置相对时,表示第一缸处于压缩上止点。

二、配气机构的检修

配气机构的各组成件,有些受到高温气体的冲击或冲击负荷,有些受润滑不良的影响,因此长期使用后,这些运动机件将会发生磨损、烧蚀或变形,其技术性能和配合关系将被破坏,从而导致故障的产生和机件的损坏。

1. 气门组零件的检修

(1)气门的检修方法与步骤

①检查气门外观。当气门有明显裂纹、破损、烧蚀等损伤时,应更换气门。

②气门杆部弯曲的检修。气门杆部是气门的导向部分,杆部与导管的配合间隙很小。当杆部直线度误差超过限定值时,应进行校直或换新气门,直线度的检查方法如图3.32所示,将气门杆支撑在两只相距100 mm的V形架上,用百分表检查气门杆中部,检查时将表的触点抵住杆的中部,将气门杆转一周,表针摆差的1/2为气门杆的直线度。

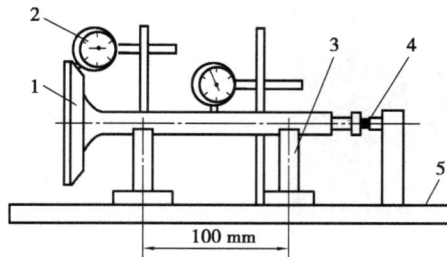

图3.32 气门杆弯曲的检查
1—气门;2—百分表;3—V形架;4—顶针;5—平板

校直的方法是将气门支在两只V形架上,使凸面向上,用手动压力机校压,校压量约为弯曲量的10倍,保压2 min。校压时,在压具与气门杆间垫上铜片。

③气门工作面的修磨。气门工作面的修磨在气门锥面磨光机上进行。

（2）气门导管的检修

气门导管的检修包括气门导管的检查与更换。气门导管与气门杆在工作中,其接触面相互摩擦,易产生磨损,使配合间隙增大,造成气门与气门座密封不严或者偏磨。

①气门导管的最大磨损是在最高端和最低端部位,呈喇叭口形状。

②用内径百分表检测气门导管[图3.33（a）],再用外径千分尺检测气门杆的实际尺寸[图3.33（b）]。当气门杆和气门导管配合间隙超过极限值时,应更换气门或气门导管,或两者同时更换。

（a）　　　　　　（b）

图3.33　检测气门导管和气门杆的磨损

（3）气门弹簧的检查

气门弹簧的常见损伤有裂纹折断、歪斜变形、自由长度缩短、弹力减弱等。这些损伤将导致气门关闭不严,并可能出现异响,影响发动机的正常工作。

①测量气门弹簧的自由高度[图3.34（a）]。一般用卡尺、高度尺进行测量,如果小于极限值,应予更换。

②检查弹簧的垂直度偏差[图3.34（b）]。气门弹簧的外圆柱面在全长上对底面的垂直度误差应不大于1.5 mm,可用90°角尺检查,不合格应更换。

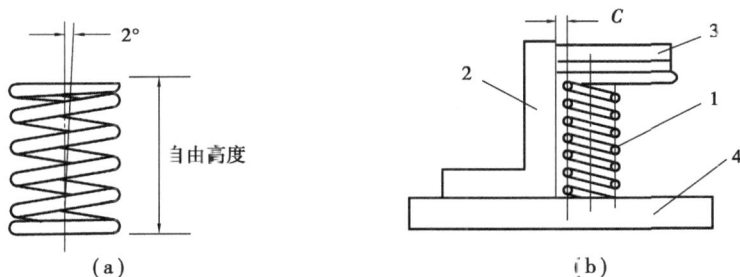

（a）　　　　　　　　　　　（b）

图3.34　气门弹簧的自由高度测量和垂直度检查
1—弹簧;2—角尺;3—钢尺;4—平板

③弹力的检查。用弹簧检测仪测量气门弹簧在自由长度和压力负荷下的弹簧张力,应符合原厂规定,否则应更换。

（4）气门座的检修

气门座在工作中受到高温高压气体作用,工作面会呈现斑点或凹陷,造成气门关闭不严,使气缸漏气;同时气门的冲击载荷会引起气门座松动,工作表面变形,气门座密封带的耗损使气门座工作面宽度增大,密封性能降低。检查时应擦净气门座。气门座圈损伤的检修方法如下:

①气门座圈承孔变形,圆度误差大于 0.025 mm 时应加以修整,镶配相应尺寸的气门座圈。气门座圈与承孔有两级加大尺寸,每级为 0.50 mm。

②修整气门座圈承孔时,承孔底部应平整。下口可略大于上口,气门座压入后不易松脱,承孔表面应光滑,圆度误差不大于 0.025 mm。气门座圈与承孔的配合过盈量一般为 0.07 ~ 0.16 mm。

③当气门座圈工作锥面上边缘低于气缸盖平面(顶置气门)或低于气缸体平面 1.50 mm,或装入的气门顶平面低于气门座顶面 0.50 mm 时,应更换。

④气门座圈工作锥面出现严重的裂纹、斑点、腐蚀和烧蚀时,应更换气门座圈。装配气门座圈应在镗缸前、换装气门导管后进行。气门座圈中心与气门导管的中心应一致,其偏差不得超过 0.03 mm。

⑤气门座圈镶配妥善后,还需进行铰铣和气门的研磨。

(5)气门座的更换

当气门座已松,气门座出现裂纹或经多次铰(磨)削后,锥面宽度过窄,以及锥面上因烧蚀出现很深的缺口时,应更换气门座。

2.气门传动组的检修

1)凸轮轴和凸轮的磨损与检修

凸轮轴的主要损伤有凸轮轴弯曲变形,凸轮工作表面擦伤或异常磨损,轴颈、偏心轮、齿轮磨损,以及正时齿轮轴颈键槽磨损等。

(1)凸轮轴和凸轮的磨损

凸轮轴在工作中发生轴径和衬套磨损。凸轮轴轴套磨损松旷,将加剧轴线的弯曲。轴线的弯曲又将促使机油泵传动齿轮、正时齿轮及凸轮轴轴径和轴套磨损,甚至造成正时齿轮工作时产生噪声和齿牙断裂;凸轮轴轴向间隙过大,使凸轮轴前后移动。

(2)凸轮轴的检修

①凸轮轴弯曲的检测。将凸轮轴安放在 V 形铁上,并置于平板平面,用百分表检测各中间轴颈的弯曲(图 3.35)。若最大同轴度超过 0.025 mm(即百分表读数总值为 0.05 mm),应进行校正,扭转极微小时可不计。

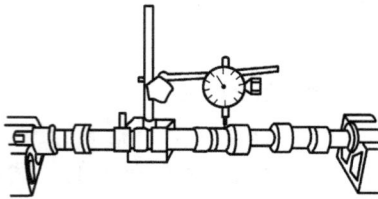

图 3.35　凸轮轴弯曲的检测　　　　图 3.36　凸轮升程的检测

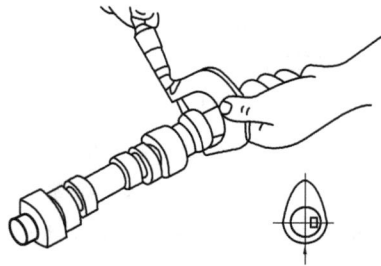

②凸轮轴轴颈的检测。包括测量所有轴颈的圆柱度误差、圆跳动量,各凸轮基圆部分尺寸等项目。

③凸轮升程的检测,用千分尺测量凸轮顶尖与底部和基圆直径(图 3.36),两者之差即为凸轮的升程。

④凸轮磨损的检测。用样板或外径千分尺进行检测,包括凸轮顶端的磨损、尖端的圆弧磨损、顶端斜度、开闭角偏差、升程最高点对轴线的角度偏差等项目。

⑤凸轮轴轴颈的维修。在气缸体承孔内压有可拆换的凸轮轴轴承时,可将轴颈尺寸磨配以相应尺寸的凸轮轴轴承(一般有四级修理尺寸,每级 0.25 mm)。

⑥凸轮的维修。凸轮的表面如有击痕及不均匀磨损,应用凸轮轴专用磨床进行修复。凸轮高度磨损到一定限度时,应在凸轮轴专用磨床上进行光磨。

2)摇臂与摇臂轴的检修

摇臂与摇臂轴的检修包括摇臂与摇臂轴的检查和修理两项内容。

①摇臂的检查。检查摇臂轴孔的磨损情况,有无过热损坏的痕迹;检查摇臂长端与气门端部接触面有无缺口、凹陷、沟槽、麻点、划痕和磨损;检查摇臂短端调整螺钉球头孔一端的损伤和磨损。

②摇臂的修理,若摇臂轴孔磨损超过了极限,应予以更换,油孔应疏通。摇臂气门杆端接触面磨损,可适当修整接触表面。

③摇臂轴的检修。检查摇臂轴装置摇臂的表面是否有磨损和损坏,是否有弯曲和凹陷现象。检查机油孔是否有阻塞现象,油槽是否积有污垢,若有,则必须清理干净,确保油路畅通。摇臂轴轴颈磨损量、直线度误差均应符合要求。

3)气门挺柱的检修

应首先检查挺柱的破损情况,如挺柱表面不应有裂纹,并采取相应的修理措施。挺柱的主要缺陷是挺柱球面(或平面)磨损、挺柱直径磨损。挺柱的直径磨损可用外径千分尺测量,圆度误差、圆柱度误差、径向跳动量均应符合要求,过大时应更换新件。

4)气门推杆的检修

不同的发动机有不同形式的推杆,端头形状多样。主要应检查推杆两端有无隆起或剥落现象,端头与摇臂接触部分有无磨损;检查测量气门推杆的同轴度,最大同轴度一般不超过 0.30 mm,若超过,应校正或更换。

任务实施

小组协作,推导"二次调整法"和"逐缸调整法"的理论依据。

学习效果测评

学习任务四

柴油机燃油供给系统结构与检修

◎相关应用场景讨论

故障现象:柴油机在起动机带动下,转速达到起动转速,但仍不能起动,通常表现为两种情况:一是起动时无爆发声,不能起动;二是起动时可听到连续的爆发声,有白烟或少量黑烟排出,但不能起动。

原因:起动困难故障的本质在于柴油机的起动条件没有完全满足。柴油机的起动条件主要包括:①适当的燃油供给条件,包括喷油量、喷油雾化质量、喷油时刻和燃油品质等;②适宜的进气温度和进气量;③充足的气缸压缩压力;④足够的起动转速。如果柴油机出现起动困难故障,就是以上起动条件没有完全满足,可分为两种现象,其一是起动机不运转或转速不够;其二是起动机旋转有力,转速足够,但柴油机无法起动。第一种情况应重点检查分析起动系统(包括起动机、蓄电池、起动电路等)的故障;第二种情况应重点分析燃油系统(包括喷油泵、喷油器、低压油路等)和控制系统(包括停机电磁铁、ECU 等)的故障。本任务结合第二种情况可能的故障原因和故障位置对柴油机燃油供给系统进行详细介绍。

◎知识目标

1. 认识燃油供给系统的功用及类型;
2. 掌握高压共轨式燃油供给系统的构造、工作原理及各组成部分的功用。

◎技能目标

1. 能判断柴油机供给系统异常故障的原因;
2. 能正确说出实训设备的油路。
3. 能按照操作规范正确装拆、检修燃油供给系统;
4. 能够完成适当的职场文件,记录所实施检修的结果。

◎价值引领

环保意识与创新精神:柴油机从机械式发展到目前的高压共轨式,燃油喷射压力已高达250 MPa,发动机性能得到改善,动力大幅提升,有害物质排放量减少。在学习和工作中要有创新意识,不畏困难,勇于尝试新思路,为科技进步和国家发展作贡献。

学习活动一 柴油机燃油供给系统概述

学习过程

一、柴油机燃油供给系统的功用

①向柴油机提供工作过程所需的燃料。

②滤除燃油内的机械杂质、尘土和水分,以保持所有机件正常工作。

③按照柴油机的工作顺序,在正确的时刻将一定数量的柴油以一定的压力喷入柴油机各个气缸内。

④将柴油按一定的喷油规律和喷雾质量喷入燃烧室,以保证可燃混合气的形成。

二、柴油机燃油供给系统的类型、组成及特点

柴油机燃油供给系统按驱动方式可分为凸轮驱动型、液压或电液驱动型。

凸轮驱动型包括泵—管—嘴系统、泵—喷—嘴系统及 PT 燃油系统,其中泵—管—嘴系统中主要有直列泵(A 型、P 型)、分配泵(轴向柱塞、径向柱塞)及单体泵。机械式柴油机燃油供给系统采用凸轮驱动型。

图 4.1 所示为泵—管—嘴凸轮驱动型机械式柴油机燃油供给系统,由燃油箱、油水分离器、输油泵、燃油滤清器、喷油泵、喷油器、高低压油管等组成。

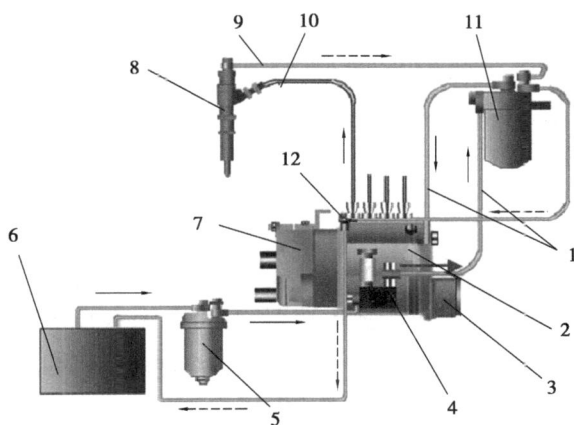

图 4.1 机械式柴油机燃油供给系统

1—低压油管;2—喷油泵;3—喷油提前器;4—输油泵;5—油水分离器;
6—燃油箱;7—调速器;8—喷油器;9—回油管;10—高压油管;11—燃油滤清器;12—限压阀

柴油依靠输油泵(低压泵)从柴油箱吸出,经柴油粗滤器吸入输油泵并泵出,经柴油细滤器进喷油泵(高压油泵),自喷油泵输出的高压油经高压油管和喷油器喷入燃烧室。由于输油泵的供油量比喷油泵供油量大得多,过量的柴油便经回油管回到低压回路。

从柴油箱到喷油泵入口的这段油路中的油压是由输油泵建立的,压力为 0.15 ~ 0.30 MPa,称为低压油路;从喷油泵到喷油器这段油路中的油压是由喷油泵建立的,压力一般在 10

MPa 以上,称为高压油路。高压的柴油通过喷油器呈雾状喷入燃烧室,与空气混合形成可燃混合气。回油油路则包括喷油器回油和喷油泵回油。

传统柴油机燃油供给系统无储能部件,喷油特性受供油特性影响显著;高压油泵中柱塞速度正比于凸轮速度,供油特性和转速关系密切;喷嘴针阀开启由泵端建立的高压间接控制,喷油控制响应较慢。根据国家环境保护部与国家质量监督检验检疫总局联合发布的标准,自 2015 年 10 月 1 日起,我国已停止制造和销售第二阶段非道路移动机械用柴油机。

液压或电液驱动型柴油机燃油供给系统典型的为共轨式系统,喷油压力可根据需要灵活变化而不与柴油机转速和负荷相关联,该燃油供给系统的结构组成与原理将在下一学习活动中详细介绍,在此不赘述。

与传统的机械方式比较,电控柴油机燃油供给系统具有如下优点:

(1)改善低温起动性

电控系统能以最佳的程序替代驾驶员进行麻烦的起动操作,使柴油机低温起动更容易。传统柴油机起动系统预热需要人工操作,而电控柴油机进气预加热器由电控系统 ECU 通过一个连接到蓄电池上的继电器控制。进气预加热器安装在发动机进气道内,其预加热器特性通过标定设置,用户不能调整。发动机在低温起动时,由 ECU 以最佳的程序代替驾驶员的操作,使柴油机低温起动快捷,控制了白烟的产生。

(2)降低氮氧化物和烟度的排放

采用柴油机电控技术,可精确地将喷油量控制在不超过冒烟界限的范围内,同时根据发动机的工况调节喷油时刻,从而有效地抑制排烟。

电控柴油机根据发动机的转速和负荷精确控制喷油量,使之不超过冒烟界限;与此同时,又可以根据发动机工况调节喷油时刻,从而降低烟度。在有效地减少和抑制颗粒物和氮氧化物(NO_x)生成方面,电控柴油机采用 SCR(选择性催化还原)技术,可以降低 NO_x 的生成量;或采用 DPF(微粒捕集器)技术,有效减少颗粒物和降低 NO_x 排放量。

(3)提高柴油机的运转平稳性

采用柴油机电控系统,无论负荷怎样增减,都能保证发动机在怠速工况下以最低的转速稳定运转,有利于提高经济性。

传统柴油机的机械式调速器的反馈控制响应速度慢,容易导致柴油机在负荷变化时运转速度产生波动。而电控柴油机取消了机械式调速器,改用由传感器、ECU 和执行器组成的电子调速器。ECU 根据各种传感器和开关信号决定怠速转速开始时刻和怠速转速的大小,并决定在该怠速转速下相应的喷油量。电子调速器控制电路响应性好,无论负荷怎样增减,不会使发动机运转产生波动,保证发动机运转平稳。

(4)提高发动机的动力性和经济性

传统柴油机燃油供给装置由柱塞、出油阀、喷油器等组成,由于机械磨损,会使喷油量、喷油正时产生较大的误差。电控柴油机的电控单元能根据各种传感器信号精确计算喷油量和喷油正时,从而提高柴油机的动力性和经济性。

(5)精确控制涡轮增压

采用电子控制技术可以对涡轮增压装置进行精确控制。废气涡轮增压器采用电子控制,目的是保证柴油机在低速时有较高的转矩,又能保证柴油机在标定点附近增压压力不致过高,以防止负荷过高而功率下降和涡轮增压器超速损坏。在工程机械和重型载货汽车上通常采用连续反馈控制可变喷嘴式涡轮增压器,采用电子控制技术可对它们进行精确控制。

（6）适应性更加广泛

电控柴油机只要改变电控系统 ECU 的控制程序和数据,即可对 ECU 重新进行标定,同一种喷油泵就能广泛应用在各种类型的柴油机上。柴油机的燃油喷射控制系统可与变速器控制系统、怠速控制系统等各种控制系统进行组合实行集中控制,缩短柴油机电控系统开发周期,并可降低成本,从而扩大柴油机电控系统的应用范围。

三、可燃混合气的形成与燃烧

在内燃机的工作过程中,燃烧过程是影响内燃机性能的主要过程。它是将燃油的化学能转变为热能的过程。

柴油黏度大,蒸发性差,不可能在气缸外部与空气混合形成混合气,柴油机是在压缩冲程接近终了时才把柴油喷入气缸。柴油经喷油器的高压喷射进入气缸,由于受到空气的阻力,燃油被击碎成大小不同的油滴,分布在燃烧室空间;油滴在高温的空气中开始吸收热量,温度很快上升,从油滴表面开始蒸发,柴油分子向高温空气中扩散,经过一段时间以后,在油滴的外围便形成一层柴油蒸气和空气的混合气。接近油滴表面的混合气较浓,离开油滴表面越远混合气就越稀。由于在压缩终了时才喷油,使得柴油机的混合气形成时间很短,因而造成混合气成分不均匀地分布在燃烧室各处,而且由于不可能一下子把所有柴油都喷入气缸,故随着柴油不断喷入,气缸内的混合气成分也是不断变化的。在混合气浓的地方,柴油因缺氧燃烧迟缓,甚至燃烧不完全而引起排气冒黑烟,在混合气稀的地方空气却得不到充分利用。所以,柴油机的混合气形成与燃烧是决定柴油机动力性和经济性的关键。

1. 可燃混合气的形成

在燃烧室内,现代柴油机形成良好混合气的方法通常有 3 种。

①空间雾化混合。以喷油器的机械喷雾为主,将柴油喷入燃烧室的空间,初步形成雾状混合物,待柴油吸热蒸发后进而形成气态混合气。

②油膜蒸发混合。将大部分柴油先喷射到燃烧室壁面上,在空气旋转运动作用下形成一层薄而均匀的油膜,少部分柴油喷向空间先行着火,然后燃烧室壁上的油膜受热蒸发,与旋转的空气混合形成混合气并燃烧。在这种混合气形成方式中,空气运动起主要作用。

③复合式。这是空间雾化和油膜蒸发两种方式兼用的混合方法,只是多少、主次各有不同。目前,多数柴油机仍以空间雾化混合为主,仅球形燃烧室以油膜蒸发混合为主。

2. 可燃混合气的燃烧

为了便于说明可燃混合气的燃烧规律,按燃烧过程中的某些特征,将燃烧过程划分为备燃期、速燃期、缓燃期、后燃期 4 个阶段,如图 4.2 所示。

（1）备燃期

从喷油始点 A 到燃烧始点 B 之间的曲轴转角称为备燃期,也称为预燃期、滞燃期或着火落后期。在这一时期内,主要完成着火前燃油雾化、加热、蒸发以及和空气混合。历时大概为 $0.0003 \sim 0.0007$ s。时间虽然很短,但却对整个燃烧过程影响很大。

（2）速燃期

从燃油开始着火到迅速燃烧出现最高压力时为止的这段时期称为速燃期,即 B,C 两点间曲轴转过的角度。这一阶段由于火源迅速形成,燃烧速度迅速加快,放热速率在这一阶段终了时达到最大,造成气缸内压力和温度急剧上升,会对柴油机的受力构件产生冲击性的气体压力负荷,并伴随有尖锐的敲击声,亦即柴油机粗暴工作。工作粗暴的柴油机受力件易损坏,寿命短。因此,应尽量避免柴油机粗暴工作。

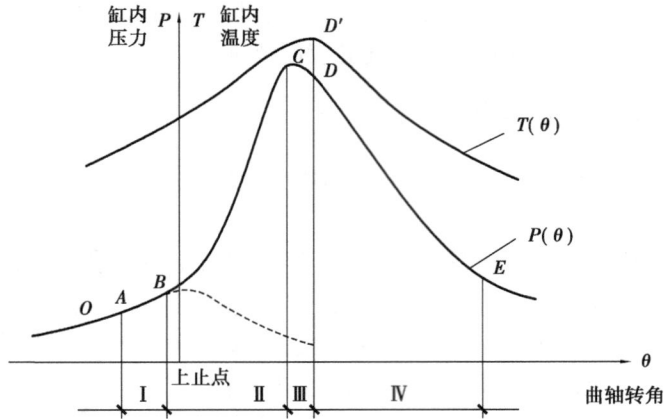

图 4.2　燃烧过程中缸内压力、温度与曲轴转角的关系

Ⅰ—备燃期;Ⅱ—速燃期;Ⅲ—缓燃期;Ⅳ—后燃期

速燃期的燃烧主要取决于备燃期内喷入燃烧室中燃油的数量及其物理化学准备进展情况。如果备燃期长,而且在此期间内喷入的燃油量很多,又都做好了燃烧的充分准备,则一旦某处发火,火焰即迅速向各处传播,燃烧速率很高,于是压力升高率增加,柴油机势必工作粗暴。因此,虽然很难直接控制速燃期的燃烧速率,但是可以间接通过减少在备燃期内的喷油量来施加影响。由此可见,控制备燃期是影响柴油机燃烧过程的一个重要手段。

(3)缓燃期

缓燃期是从最高压力开始到出现最高温度的阶段,即点 C 到点 D 之间的曲轴转角。在此阶段,开始时燃烧很快,后来由于燃烧室内氧气减少,废气增多,燃烧条件变差,碳烟不可避免。这一时期是边喷边燃阶段,在点 D 以前喷油结束。

(4)后燃期

从缓燃期终点 D 起到燃油基本烧完时的点 E 止称为后燃期,也称补燃期。从缓燃期终点起,燃烧是在逐渐恶化的条件下于膨胀过程中缓慢进行的。在此期间,压力和温度均降低。后燃期内,由于活塞下行,燃油燃烧所放出的热量不能有效地利用,损失增加,排温也增高,使发动机过热,导致动力性、经济性降低,所以,应尽可能减少这种后期燃烧。其办法是提高喷雾品质,并选用合适的喷油规律,改善混合气的形成等。

综上所述,理想的喷油规律要求喷射初期缓慢、喷油速率不要太高,目的是减少在备燃期内的可燃混合气量,降低初期燃烧速率,以降低最高燃烧温度和压力升高速率,来抑制 NO_x 的生成和使整机工作平稳;同时,补燃期应短,以避免整机过热,耗油率上升。

电控高压共轨系统可实现燃油喷射控制,使喷油规律得到优化。ECU 根据发动机运行的需要,可以设置并控制喷油速率,喷油速率分预喷射、主喷射、后喷射等多段喷射。采用预喷射是实现初期缓慢燃烧的方法。主喷射发生在喷油中期,在主喷射阶段,采用高喷射压力和高喷油速率可以加快燃烧速度,防止生成微粒和降低热效率,还可以加快可燃混合气的扩散燃烧速度。在喷油后期要求迅速结束喷射,防止在较低的喷油压力和喷油速率下燃油雾化变差,导致燃烧不完全而使碳氢化合物和颗粒物排放增加。后喷射可有效降低排放物量。

四、燃烧室

由于柴油机混合气的形成和燃烧是在燃烧室内进行的,所以,燃烧室的结构形式直接影响所形成混合气的品质和燃烧状况,根据燃烧室的结构特点,柴油机燃烧室可分为两大类:统一式燃烧室和分隔式燃烧室。

1.统一式燃烧室

统一式燃烧室是由凹形活塞顶与气缸盖底面所包围的一种单一内腔,几乎全部容积都在活塞顶面上,如图4.3所示。采用这种燃烧室时,燃油直接喷射到燃烧室中,故又称直接喷射式燃烧室。这种燃烧室一般配压多孔喷油器,将燃油直接喷射到燃烧室中,借喷出油束的形状和燃烧室形状相吻合,以及室内的空气涡流运动,迅速形成混合气。其结构形式有多种,目前常用的有ω形、球形和U形燃烧室等。

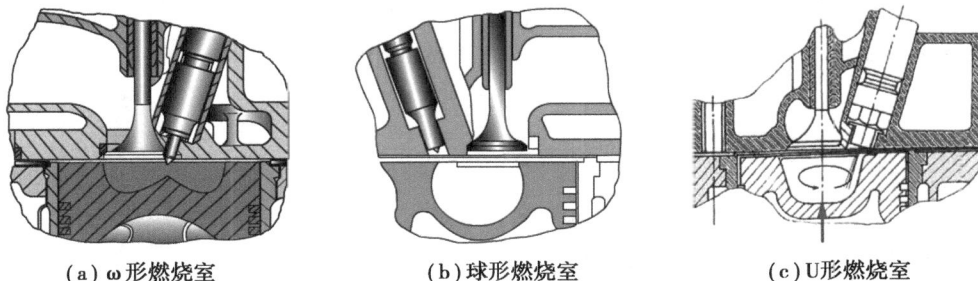

(a)ω形燃烧室　　　　　　　(b)球形燃烧室　　　　　　　(c)U形燃烧室

图4.3　统一燃烧室

(1)ω形燃烧室

ω形燃烧室如图4.3(a)所示,由平的气缸盖底面和剖面轮廓呈ω形的活塞顶部包围形成。它是直接喷射式(统一式)燃烧室中应用最广、品种最多的一种。该种燃烧室一般在缸盖内配置有螺旋进气道,采用多孔孔式喷油器,置于凹坑的中央,在进气涡流及挤压涡流的气流作用下,以空间雾化混合为主而成。该燃烧室因散热面积小,大部分燃油是在备燃期形成混合气,整机工作粗暴,对燃料系的要求高。其优点是柴油雾化好,热效率高,经济性好,整机易起动。

(2)球形燃烧室

球形燃烧室如图4.3(b)所示,由气缸盖底平面和活塞顶上的球形凹坑构成。该种燃烧室一般在缸盖内配置有螺旋进气道,采用双孔孔式喷油器,置于凹坑的边缘。在强的进气涡流及挤压涡流的气流作用下,以油膜蒸发混合为主而成。该燃烧室形状简单,混合气开始形成较慢,整机工作柔和,对燃油的要求低。因散热面积小,经济性较好。但整机难起动且低速性差,活塞顶易过热,对燃料系的要求较高。

(3)U形燃烧室

U形燃烧室如图4.3(c)所示,U形燃烧室由气缸盖底平面和活塞顶部U形凹坑构成。该种燃烧室一般在缸盖内配置有螺旋进气道,采用单孔孔式喷油器,置于凹坑的边缘。在进气涡流及挤压涡流的气流作用下,低速时以空间雾化混合为主而成,高速时以油膜蒸发混合为主而成。该燃烧室形状简单,因散热面积小,经济性较好,整机工作柔和,对燃油的要求低,整机易起动。

2.分隔式燃烧室

分隔式燃烧室是把燃烧室的容积分隔成两部分,两者中间由通道连接。根据通道结构的不同及形成涡流的差别,分隔式燃烧室又可分为涡流室式燃烧室和预燃室式燃烧室两种。

（1）涡流室式燃烧室

如图4.4(a)所示,燃烧室由两部分组成:一部分位于活塞顶与气缸盖上平面之间,燃烧过程主要在这里进行,称为主燃烧室;另一部分位于气缸盖体内,称为涡流室。涡流室常做成球形或圆柱形,其容积约占燃烧室总容积的50%～80%。连接涡流室与主燃烧室的一个或几个通道与涡流室相连,使空气在压缩行程从气缸被挤入涡流室时产生有规则旋转的涡流运动,喷入涡流室的燃油靠这种强烈的涡流与空气迅速地基本完成混合,部分燃油即在涡流室内燃烧,压力和温度急剧升高,燃烧气体沿切向通道喷入主燃烧室,与主燃烧室的空气再进一步混合燃烧。在这种燃烧室中,压缩涡流强度与柴油机的转速成正比,转速越高,混合气形成越快,两者相互适应,这就是涡流式柴油机能适应高速运转（转速可达5 000 r/min）的原因。这种燃烧室对喷雾品质要求较低,可采用喷油压力较低的轴针式喷油器。

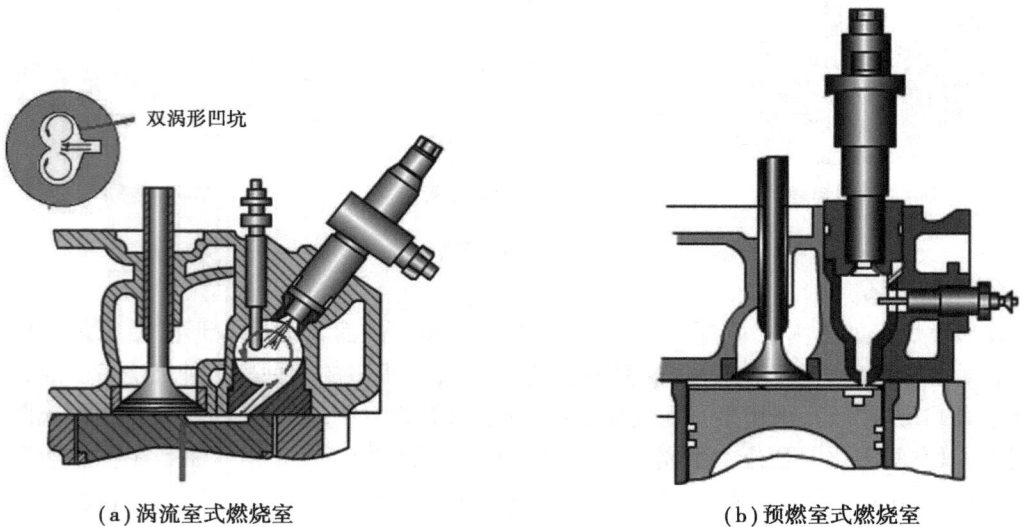

(a)涡流室式燃烧室　　　　　　　　　　　　　　(b)预燃室式燃烧室

图4.4　分隔式燃烧室

（2）预燃室式燃烧室

如图4.4(b)所示,这种燃烧室由位于气缸盖上的预燃室和活塞顶部的主燃烧室两部分组成,预燃室容积约为燃烧室总容积的25%～40%。预燃室与主燃烧室之间用一个或几个小直径的通道相连,产生的节流作用较大。因此,使主燃烧室内压力升高较缓和,活塞上所受的负荷较小,发动机工作较柔和,但气体能量损失较大,发动机的燃油经济性较差。另外,分隔式燃烧室由于散热面积大,流动损失大,故燃油消耗率较高,起动性较差。目前很少使用这种燃烧室。

任务实施

结合所学,根据实训设备,查找相关资料,小组完成机械式柴油机油路的组成部件及对应作用的填写。

序　号	名　称	结构组成	功　用
1	低压油路		
2	高压油路		
3	回油油路		

学习活动二　电控高压共轨式燃油供给系统结构原理

学习过程

一、电控柴油机概述

电控柴油机的核心是电控喷油系统。柴油机喷油系统电控技术经历了 3 个阶段:时间控制阶段、压力控制阶段、时间-压力控制阶段,目前正处于第三个阶段的发展与成熟期。

高压共轨系统是目前世界上最先进的燃油系统,其优点是可以实现高压喷射,最高压力可达 200 MPa 以上,并且高压燃油的产生和喷射完全独立,燃油喷射的时刻和数量控制精度高,能够有效地抑制和减少尾气排放物中的有害成分。目前,高压共轨系统已广泛应用在工程机械、载货汽车、客车、电控柴油轿车等柴油发动机上。

柴油机采用电控共轨喷油系统可以在柴油机全负荷范围内实现喷油规律、喷油压力的最优控制,特别是在降低柴油机排放、保护环境方面发挥巨大的作用。

柴油机电控共轨喷油系统将喷油量和喷油时刻的控制融为一体,使燃油的升压机构独立,即燃油压力与柴油机转速、负荷无关,具有可独立控制压力的部件——共轨。这样就可以自由控制燃油喷射压力,喷油量与喷油时刻可以直接由喷油器电磁阀来控制。

二、电控柴油喷射的基本原理

电控柴油机管理系统由传感器、控制单元 ECU 和执行元件 3 部分组成(图 4.5)。传感器采集柴油机曲轴位置、凸轮轴位置、共轨燃油压力、进气温度、进气压力、加速踏板位置等信号,并将检测到的参数输入给 ECU,ECU 对来自传感器的信息与储存的参数值进行比较、运算,确定最佳运行参数。执行机构按照最佳参数对喷油压力、喷油量、喷油时间、喷油规律等进行控制,驱动喷油系统,使柴油机工作状态达到最佳。

传感器类型   控制项目

曲轴位置传感器 ————————→
凸轮轴位置传感器 ————————→   ⇨ 燃油喷射量
进气压力传感器 ————————→
进气温度传感器 ————————→   电   ⇨ 燃油喷射正时
水温传感器 ————————→   控
共轨油压传感器 ————————→   单
起动信号 ————————→   元   ⇨ 喷油压力
预热信号 ————————→
油门踏板传感器 ————————→   (ECU)   ⇨ 自我诊断
                                                  故障保护

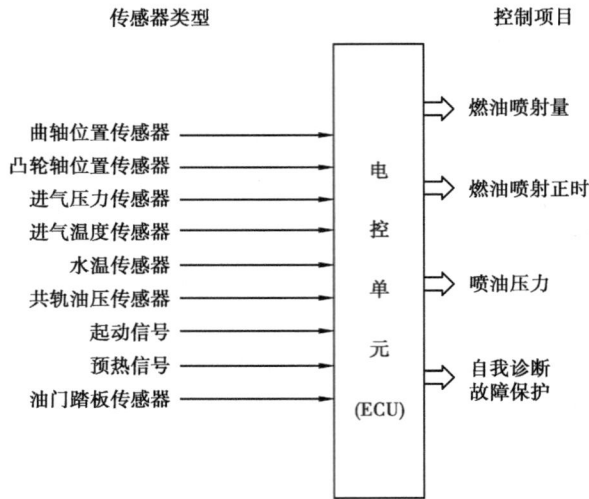

图 4.5　电控柴油喷射基本原理

三、高压共轨式燃油供给系统组成

高压共轨式燃油供给系统的组成如图 4.6 所示。该系统由高压供油泵、共轨、喷油器以及控制这些部件的电子控制单元、各种传感器构成,是一种完全由电子控制的燃油喷射装置。高压共轨电控柴油喷射系统的部件按其作用不同,可分为低压油路、高压油路、回油油路、传感与控制等几部分。

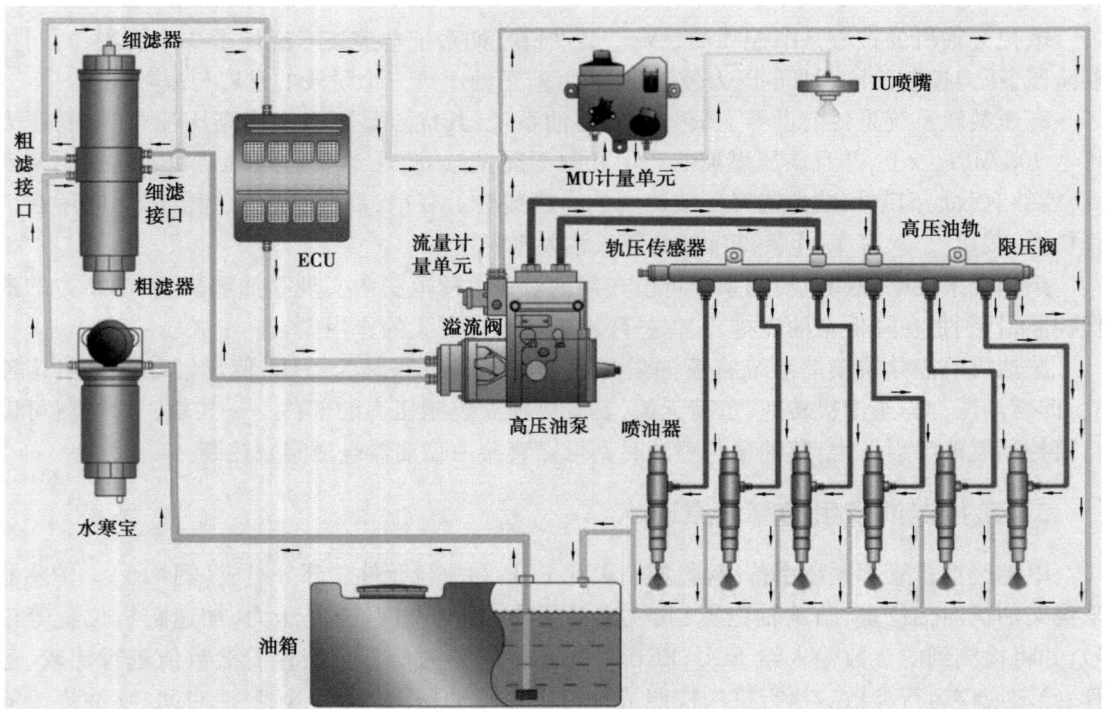

图 4.6　共轨式燃油供给系统

（1）低压油路

低压油路由燃油箱、燃油滤清器等组成，其功用是产生低压柴油，输往高压泵，其结构原理与传统柴油供给系统低压油路相似。

（2）高压油路

高压油路由高压供油泵、燃油泵执行器（调压阀）、高压油管、共轨管、共轨压力传感器、限压阀、限流器和电磁喷油器等组成。通过柴油机驱动机构驱动的高压供油泵对燃油进行高压加压，并存储在共轨管中，然后分配到各缸的喷油器，又通过喷油器电磁阀的开闭向气缸内喷油。

（3）回油油路

电控柴油机回油油路一般有3条，分别是高压油泵回油、共轨回油和喷油器回油，多余的燃油经此3条路线流回油箱。

（4）传感与控制部分

传感与控制部分包括传感器、控制单元和执行元件。

高压共轨喷油器的喷油量、喷油时间和喷油规律除了取决于柴油机的转速、负荷，还与众多因素有关，如进气流量、进气温度、冷却液温度、燃油温度、增压压力、凸轮轴位置、废气排放等。所以，必须采用相应的传感器采集相关数据，对喷油量、喷油时间和喷油规律进行修正。由各种传感器采集的数据都被送往电控单元，并与存储在ECU内的大量经过实验得到的最佳喷油量、喷油时间和喷油规律的数据进行比较、分析，计算出当前状态的最佳参数。ECU计算出的最佳参数通过执行元件（电磁阀等）控制电动输油泵、高压油泵、废气再循环等机构工作，使喷油器按最佳的喷油量、喷油时间和喷油规律进行喷油。

共轨式喷油系统具有如下特点：

①喷油压力取决于共轨内的压力。根据ECU的指令，改变供油泵的供油量，从而控制共轨内的压力。由此可以自由设定喷油压力而与柴油机转速、负荷无关。即使在极低速情况下也能获得高喷油压力。

②根据ECU的指令改变各气缸喷油器电磁阀的开闭时刻，自由控制喷油时刻。

四、高压共轨式燃油供给系统工作原理

Bosch的共轨燃油系统工作原理流程如图4.7所示。燃油供给系统的基本工作原理是：低压燃油由电动输油泵从油箱中吸出后，经柴油滤清器输送到高压油泵，柴油经高压油泵加压后输送到蓄压器（高压共轨）口。储存在油轨中的高压柴油在适当的时刻通过电磁喷油器喷入发动机气缸内。电磁喷油器的开启和关闭由ECU根据传感器输入的信号进行控制。

五、高压共轨式燃油供给系统主要部件构造与工作原理

1. 燃油滤清器（必须带油水分离器）

（1）安装位置

滤清器串联安装在燃油系统的低压油路中。

（2）功用

柴油滤清器的功用是滤徐柴油中的杂质和水分。常用的柴油滤清器一般为整体不可拆式，它旋装在滤清器座上，其结构如图4.8所示。柴油流经滤清器时，杂质和水分被滤芯滤

除,杂质吸附在滤芯上,水分则沉积到壳体下部的集水腔中,清洁的柴油经出油口流出。

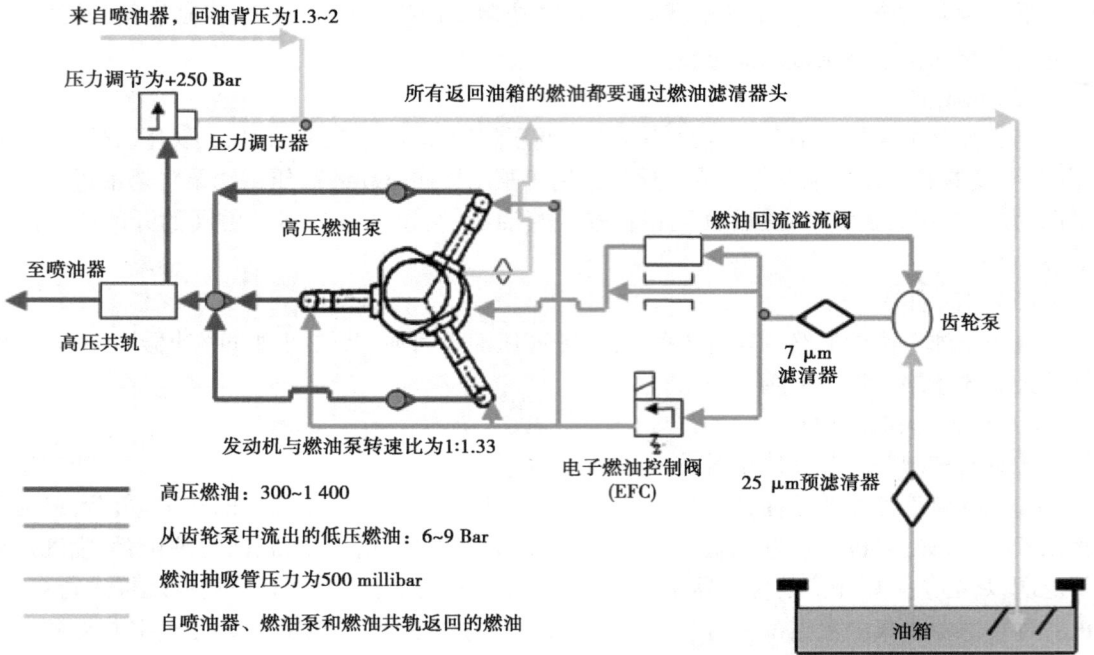

图4.7 Bosch 共轨燃油系统工作原理流程图

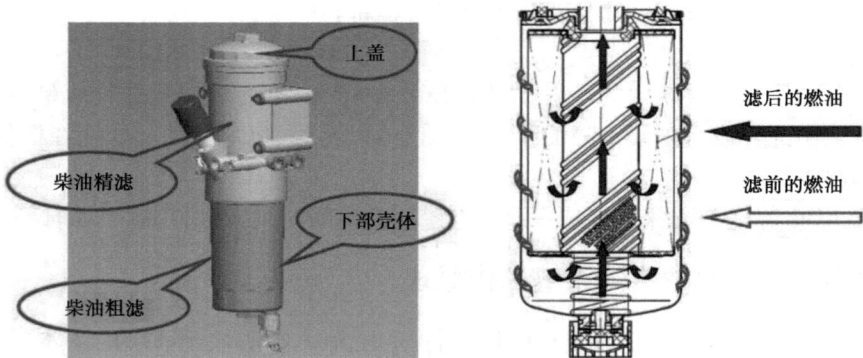

图4.8 柴油滤清器

潍柴电控柴油机上一般会安装水寒宝,水寒宝是柴油发动机燃油滤清器,它集成了电动泵油、加热除蜡、除水滤清三大功能。

(3)使用注意事项

在使用中,应定期拧开放水螺塞放出滤清器内的水。不适当的过滤可能导致泵元件、出油阀以及喷油嘴元件损伤。柴油可能以黏结的形式(乳液)或游离形式(如由于温度变化而造成的水分凝结)而含水分,如果这些水分进入喷射系统,可能导致腐蚀性损伤。燃油滤清器下部安装了燃油含水率传感器,水位到达一定高度时,报警灯亮,提示放水。燃油滤清器上盖,根据需要安装燃油温度传感器及燃油加热器。

2.输油泵

1）功用

克服油路中的各种阻力,将柴油从油箱内吸出并将足够量和一定压力的柴油输送给高压油泵。

2）类型

常用的低压输油泵有活塞式输油泵、膜片式输油泵、齿轮式输油泵、封闭叶片式输油泵和电动输油泵。低压输油泵的输出油压一般在1 MPa以下,电控柴油机输油泵一般采用机械式输油泵,属于齿轮式,齿轮式低压输油泵与高压输油泵组合成一体,靠高压输油泵驱动,如图4.9所示。

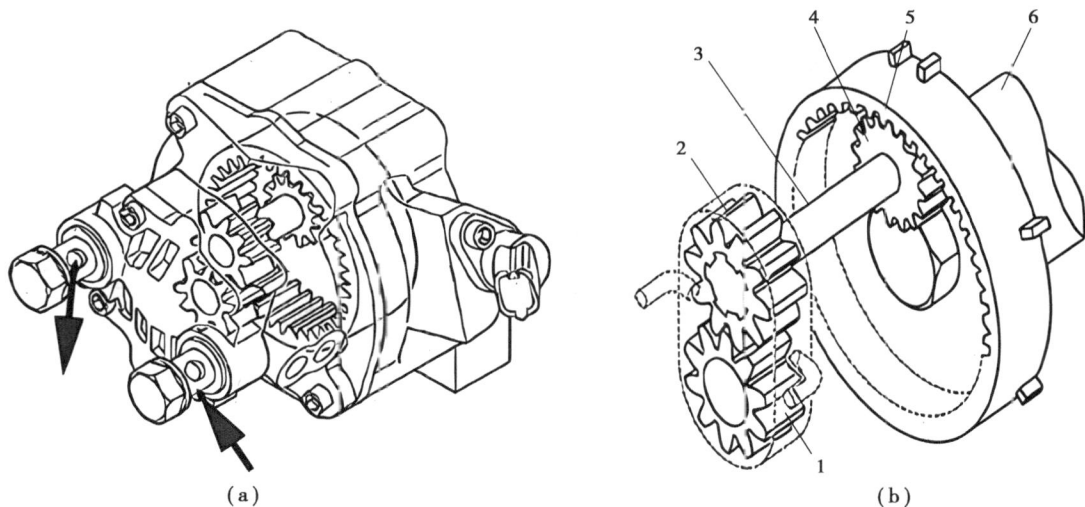

图4.9　齿轮式输油泵
1—副齿轮;2—主齿轮;3—轴;4—驱动齿轮;5—内齿轮;6—凸轮轴

（1）齿轮式输油泵

齿轮式输油泵结构如图4.10所示,主要由泵壳体和一对相互啮合的齿轮组成。其工作过程如下:

①吸油。发动机工作时,输油泵齿轮按图中箭头所示方向旋转,进油腔的容积因齿轮向脱离啮合的方向转动而增大,进油腔内产生一定的真空度,燃油便从进油口被吸入进油腔。

②压油。随着齿轮旋转,轮齿间的燃油被带到出油腔。由于出油腔内齿轮进入啮合状态使其容积减小,油压升高,燃油便经出油口被压出。

（2）高压输油泵

电控柴油机高压油泵的作用是产生高压油,可以通过由ECU控制的燃油泵执行器（调压阀）来控制向共轨输送的燃油量,最终目的是实现对共轨中燃油压力的控制。高压油泵通常采用由凸轮轴驱动的带有多个分泵的直列柱塞式油泵(一般用于大型柴油机)或径向柱

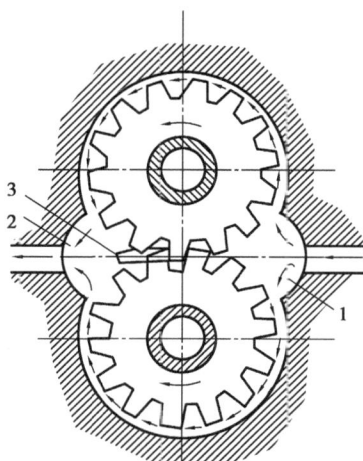

图4.10　齿轮式输油泵结构
1—进油腔;2—出油腔;3—泄压槽

塞式油泵(一般用于小型柴油机)。

径向柱塞式高压油泵体积更小,结构更紧凑。图4.11所示为采用三作用型凸轮有3个分泵的径向柱塞式高压油泵。3个分泵及凸轮的3个凸起均相互错开120°,这样可使3个柱塞泵同时吸油,同时压油,且凸轮轴每转一圈,3个分泵各完成3次泵油过程,即高压油泵完成3次供油。此高压油泵由发动机曲轴通过齿轮、链条或齿带驱动,且传动比为1∶1,发动机每完成一个工作循环,高压油泵供油6次,与六缸柴油机的喷油频率相同。

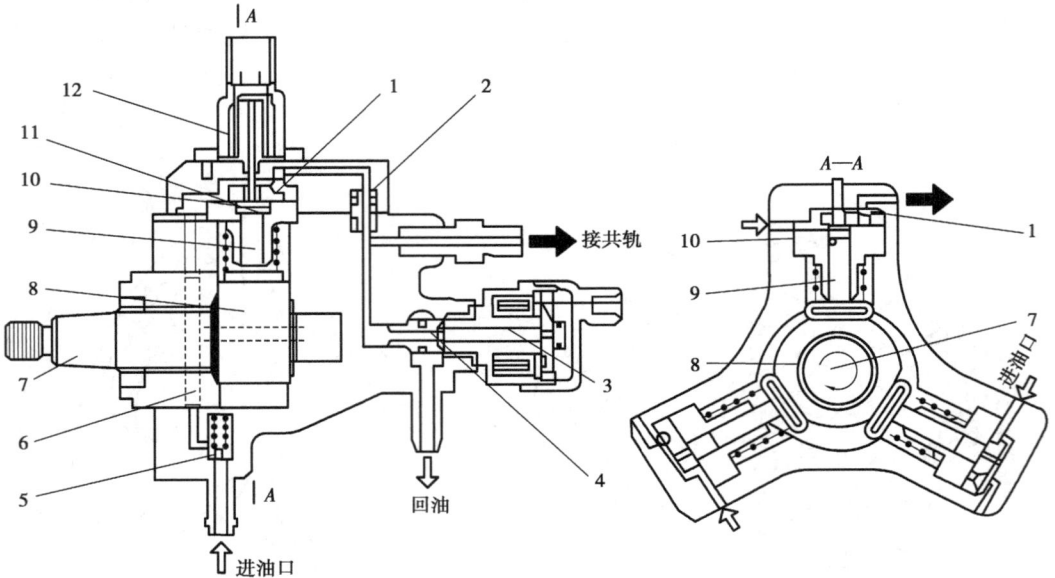

图4.11 径向柱塞式高压油泵

1—出油阀;2—密封套;3—燃油泵执行器(调压阀);4—球阀;5—安全阀;6—低压油路;
7—驱动轴;8—偏心凸轮;9—柱塞泵油元件;10—柱塞室;11—进油阀;12—柱塞单向阀

图4.12和图4.13所示为CPN2.2高压油泵。它为共轨喷射系统提供各种发动机工况下需要的喷油压力,系统压力通过安装在泵上的燃油计量单元来调节,其工作过程为:通过接收ECU的指令来改变进入高压油泵的油量,从而改变高压油泵的高压供油压力,也即改变了共

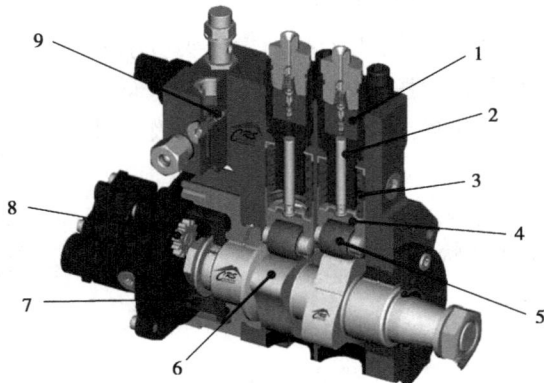

图4.12 博世CPN2.2高压油泵内部结构

1—分体式进、出油阀;2—柱塞;3—柱塞弹簧;4—挺柱体;5—滚轮;
6—凸轮轴;7—内齿轮;8—驱动齿轮;9—零油量节流孔

轨压力。ECU通过脉冲信号的通断时间的长短来控制进入高压油泵的燃油流量。当燃油计量阀线圈没有通电时,计量阀是全通的,可以提供最大的燃油流量,即可以造成最高的共轨压力。燃油由齿轮泵ZP5从油箱吸出,齿轮泵是集成在CPN2.2上的,燃油滤清器位于齿轮泵出油口和高压油泵进油口之间。

CPN2.2高压油泵的几大主要组件包括齿轮泵ZP5、流量计量单元MPROP、溢流阀OFV及高压组件等,如图4.13所示。

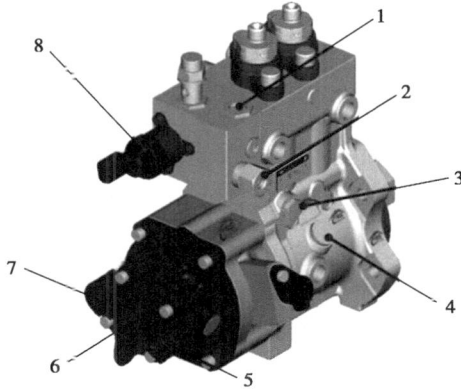

图4.13　博世CPN2.2高压油泵外部结构
1—燃油回油口;2—溢流阀;3—机油入口;4—加机油口;
5—燃油入口;6—齿轮泵ZP5;7—燃油出口;8—油量控制单元

3.燃油泵执行器(调压阀)

燃油泵执行器(调压阀)安装在高压泵旁边或共轨管上,如图4.14所示。其作用是根据柴油机负荷状况调整和保持共轨中的压力。当调压阀不工作时,电磁线圈不通电,高压泵出口压力大于弹簧的弹力,阀门被顶开。根据输油量的不同,调节打开的程度。当需要提高共轨中的压力时,电磁线圈通电,给电枢一个附加作用力,压紧阀门,使共轨中的压力升高到与其平衡为止。然后调节阀门停留在一定开启位置,保持压力不变。

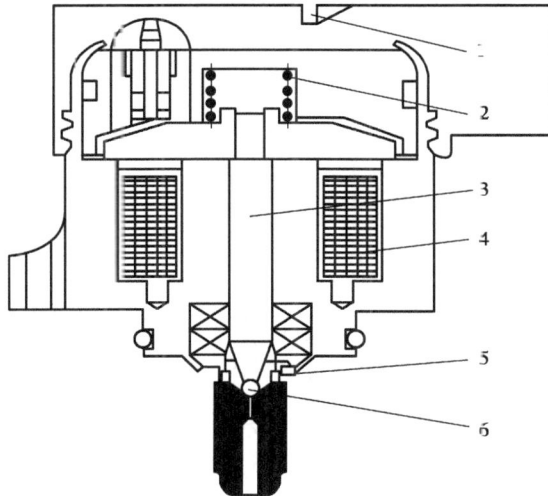

图4.14　燃油泵执行器(调压阀)
1—电气插头;2—弹簧;3—电枢;4—电磁线圈;5—回油孔;6—阀门

4. 共轨管

共轨管的功用主要有：①储存高压输油泵提供的高压燃油,并根据需要分配给各喷油器,即起蓄压器的作用;②抑制高压油泵供油和喷油器喷油时引起的压力波动,以保持共轨中压力稳定。

喷油器流量限制器、共轨限压阀一般都安装在共轨上,如图 4.15 所示。在部分共轨系统中,用于电控系统的燃油压力传感器、调压阀也安装在共轨上。

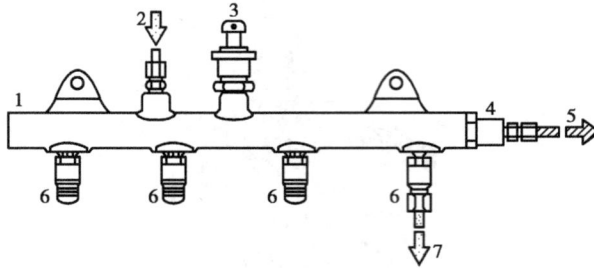

图 4.15 共轨组件

1—共轨管;2—进油管口;3—燃油压力传感器;4—限压阀;
5—回油管口;6—流量限制器;7—喷油器供油口

5. 流量限制器

（1）安装位置

共轨给每个喷油器供油的通道中都安装有 1 个流量限制器。

（2）功用

流量限制器的功用是在非常情况下防止喷油器常开并持续喷油,即一旦某喷油器常开并持续喷油,导致共轨输出的油量超过一定限值,流量限制器将会关闭该喷油器的供油通道。

（3）结构

流量限制器的结构如图 4.16 所示,壳体两端外螺纹分别用来连接共轨和喷油器的供油管,壳体内部装有一个限制阀和限制阀复位弹簧,壳体两端的进、出油孔与其内部的限制阀腔贯通以便形成供油通道;限制阀上部直径较大的部分与限制器壳体精密配合,其中心油道通过径向节流孔与限制器内腔下部的弹簧室连通。

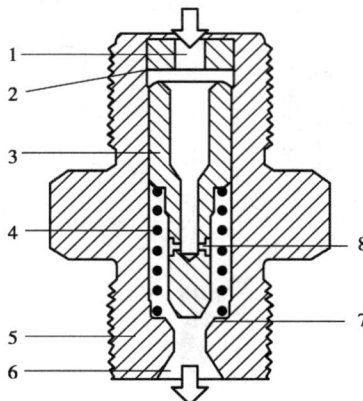

图 4.16 流量限制器

1—进油孔;2—堵头;3—限制阀;4—弹簧;5—壳体;6—出油孔;7—阀座;8—节流孔

（4）工作原理

喷油器不喷油且无异常泄漏时，限制阀在弹簧作用下被顶靠在共轨一侧的堵头上，共轨中的高压油经进油孔、限制阀中心油道、节流孔、弹簧室、出油孔供给喷油器。当喷油器正常喷油时，由于喷油速率较高，由节流孔流出的油不足以补偿喷油器喷出的油量，所以限制阀下部（喷油器一侧）油压下降，共轨油压使限制阀压缩弹簧向下移动，直到限制阀下部承受的油压和弹簧力与共轨油压平衡为止。当喷油器喷油结束后，共轨中的高压油继续经节流孔流出供给喷油器，使限制阀下部（喷油器一侧）的油压逐渐升高，限制阀也逐渐被弹簧推回到初始位置。

流量限制器的弹簧和节流孔都是经过精确计算选定的，喷油器正常喷油时，限制阀向下移动的升程不足以使其落座而关闭。但若喷油器存在异常泄漏现象，限制阀的升程会随泄漏量的增多而增大，即使喷油结束后，限制阀也不能回到初始位置，直到泄漏量超过一定限值时，限制阀完全关闭停止给喷油器供油。

6. 限压阀

（1）安装位置

限压阀一般安装在输油泵内或共轨上。

（2）功用

限压阀主要是用来限制共轨中的最高压力。

（3）结构

限压阀的结构如图 4.17 所示，阀和弹簧被空心螺塞限制在阀体内部的空腔内，弹簧的预紧力根据规定的共轨最高压力调整。

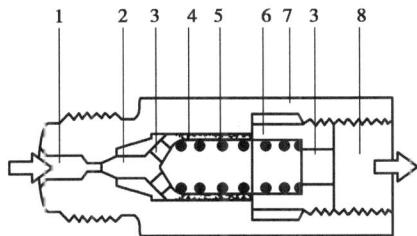

图 4.17 限压阀

1—共轨侧进油口；2—阀头；3—油孔；4—阀；5—弹簧；6—空心螺塞；7—阀体；8—回油口

（4）工作原理

通常情况下，阀被弹簧压靠在阀体左侧的阀座上，限压阀处于关闭状态；当共轨压力超过规定值时，阀左侧承受的共轨压力超过右侧的弹簧力，阀头向右移动离开阀座，共轨中的燃油经限压阀流回油箱或输油泵进油侧，随着共轨中燃油溢流，共轨压力下降，阀在弹簧作用下重新复位，限压阀关闭。

7. 电磁阀式喷油器

Bosch 共轨系统第二代喷油器采用的是电磁阀式喷油器，图 4.18 所示为电控柴油机所使用的博世喷油器。电磁阀式喷油器由孔式喷油嘴和电磁阀（喷油器电磁阀的灵敏度为 0.2 ms 左右）等组成。喷油器喷孔的数量一般为 6 个左右。来自高压共轨的高压燃油经油道流向喷油嘴，同时经节流孔流向针阀控制腔，针阀控制腔通过球阀控制的泄油孔与回油管路相连。

图4.18 博世喷油器

如图4.19所示,当喷油孔的电磁阀不通电时,泄油孔关闭,作用在针阀控制活塞顶部的压力大于作用在针阀承压面上的压力,针阀被迫进入阀座而将高压油道与燃烧室隔开。当喷油器的电磁阀通电时,泄油孔被打开,针阀控制腔的压力降低,作用于针阀控制活塞顶部的压力也随之下降。一旦压力降至低于作用于喷油嘴针阀承压面上的压力,针阀上升,燃油经喷油嘴喷孔喷入燃烧室。此外,在控制柱塞处泄漏的燃油与通过回油管和高压油泵出来的回油一起流回燃油箱。

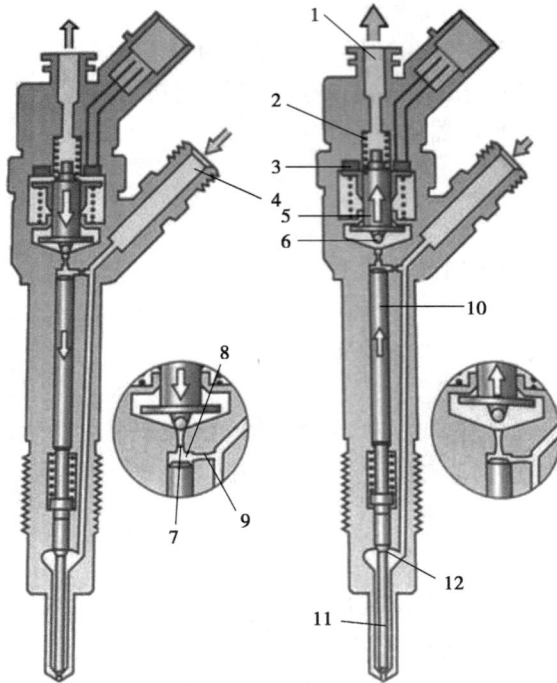

图4.19 喷油器结构

1—球阀;2—电枢轴;3—线圈;4—高压燃油连接管;5—回位弹簧;6—回油管;
7—针阀控制活塞;8,12—承压腔;9—喷油嘴;10—针阀;11—进油口

电磁阀式喷油器的检修方法主要是针对喷油器电磁阀插头进行电阻测量,标准阻值小于0.5 Ω,否则更换喷油器。

8.高压油管

高压燃油油管必须能够承受喷油系统的最大压力和喷油间歇时的局部高频压力波动。该油管是由钢管制成的,通常外径为6 mm,内径为2.4 mm。

各缸的高压油管长度是完全相同的,共轨与各缸喷油器之间的不同间距是通过各缸高压油管的弯曲程度进行长度补偿的,但油管长度应尽可能短一些。

任务实施

查找资料,小组协作总结机械式柴油机和电控柴油机燃油供给系统的异同点。

类　型	相同点	不同点
机械式柴油机 燃油供给系统		
电控柴油机燃 油供给系统		

学习活动三　高压共轨式燃油供给系统常见故障检修

学习过程

柴油机燃油系统故障原因很多,下面就常见的故障原因进行介绍。

一、低压燃油系统进空气的故障

1. 故障原因分析

柴油机的燃油系统一旦有空气进入,轻则发动机难以起动或运转不稳,重则可能抛锚于路中。

空气具有很大的可压缩性和弹性。当油箱至柴油机低压油泵段油管存在漏点,产生漏气时,空气将会渗入,从而降低这段管路内的真空度,使油箱内燃油的吸力减弱,甚至发生断流,导致发动机无法起动。在混入空气较少的情况下,油流仍可维持,并由低压油泵送往喷油泵,但发动机可能会起动困难,或者起动后维持不久又自行熄火。当油路中混入的空气量稍多一些时,就会导致数缸断油或喷油量显著减少,使柴油机根本无法起动。

2. 燃油供给系统中空气漏点的判断方法

柴油机燃油供给系统低压油路中大都采用软胶管,软胶管容易同周围零件产生摩擦,造成漏油和进气。漏油比较容易查找,而管路中某处破损进气则不易查找。以下是判断低压油路漏点的查找方法。

方法一:将低压油路中的空气排净,起动发动机后,发现有漏柴油之处,即为漏点所在。

方法二:将发动机油箱至低压燃油泵段负压油路取下,堵住该段管路一端,然后通入气体,并置于水中,找出冒气泡之处,即为漏点所在。

方法三:除了管路的问题,在管路接头处的各种垫圈、卡箍也会因安装不当、变形、老化破损等产生漏气,成为漏点,在对管路进行详查之前,应首先对这些节点进行检查。

3.检修方法

①用起子或扳手松开燃油滤清器出油口接头漏出一道缝隙,同时用力连续激压手油泵直至排出气泡及柴油,直到发出"吱吱"的声音为止。然后拧紧燃油滤清器出油口接头,将手油泵压回至原位即可。

②如果是新安装的低压燃油管路,油管、燃油滤清器和ECU冷却板腔内充满了空气,此时应该先将燃油滤清器内的燃油灌满后再装上,然后将油管和ECU冷却板腔内的燃油泵满,再起动发动机。

二、检修高压油路

高压油路部分的主要零部件有高压油泵、高压油轨、共轨压力传感器、流量控制阀和喷油器、压力调节阀等。高压油泵和高压共轨部件(如流量限制器、限压阀、调压阀等)主要是根据其密封性、磨损程度来进行检修。喷油器的检修方法主要是针对喷油器电磁阀插头进行电阻测量,标准阻值小于 $0.5\ \Omega$,否则更换喷油器。

三、线路故障检修

燃油供给系统的线路检修需根据电路图逐段排查,主要包括检查工作电压、线路的通断,以及元件是否损坏几方面内容,具体检查方法在下一个学习任务中进行详细介绍,在此不作赘述。

任务实施

查找资料,小组协作总结故障"发动机无法起动"的原因有哪些,并指出分别与哪些系统相关。

故障类型	故障原因	相关性分析
发动机 无法起动		

学习效果测评

学习任务五

检修柴油机冷却系统

◎相关应用场景讨论

情境一:发动机升温缓慢或二作温度过低

故障原因:在机械方面主要表现为节温器黏结卡滞在开启位置,不能闭合,使冷却液始终进行大循环。在电气方面,发动机冷却液温度传感器工作不良,信号不准确,造成无快怠速、散热风扇工作时间长等问题。

情景二:柴油机工作时,气缸内温度可高达 1 500~2 000 ℃,直接与高温气体接触的机件(如气缸体、气缸盖、气门等),若不及时加以冷却,将出现什么不良后果?

◎知识目标

1. 掌握冷却系统的组成、功用及原理;

2. 了解冷却液的类型及应用场合;

3. 掌握冷却系统各组成部分的结构特点及功用。

◎技能目标

1. 能正确判断柴油机过热故障的原因;

2. 能按照操作规范正确装拆、检修柴油机冷却系统;

3. 能正确写出实训设备冷却液大、小、混合循环路线;

4. 能够完成适当的职场文件,记录所实施检修的结果。

◎价值引领

环保与可持续发展理念:节温器精确控制发动机冷却液的温度,提高燃油效率,减少排放,实现绿色发展。

学习活动一　冷却系统概述

学习过程

一、柴油机冷却系统的功用

发动机温度不宜过高或者过低。若气缸内温度太高,充气量下降,发动机的有效功率下降,机油黏度降低,磨损上升,摩擦阻力上升,且易损坏机件;若气缸内温度太低,散热量上升,效率降低,机油黏度升高,使消耗功率上升,且混合气中的柴油易混入机油,使磨损上升。

冷却系统的功用:维持发动机在最适宜的温度下工作。水冷系统冷却水的温度一般应保持在 85 ~ 90 ℃;风冷系统气缸壁的温度应在 150 ~ 180 ℃,气缸盖的温度在 160 ~ 200 ℃。

二、柴油机冷却系统的分类和组成

根据冷却介质的不同,柴油机的冷却方式有两种,即水冷却和风冷却。现代工程机械柴油机普遍采用水冷却。

1.风冷却系统

将柴油机中高温零件的热量直接散发到大气中,使柴油机的温度降低而进行冷却的一系列装置称为风冷却系统。风冷柴油机相对于水冷柴油机而言,其冷却系统的结构更为简单,风冷柴油机特别适宜在干旱缺水地区使用。对于中、小功率机型而言,其特点是冷却可靠、结构简单、适应性强。但对于大功率柴油机而言,由于散热片布置方面的原因,散热效率可能不足。因此,功率大于 400 kW 的柴油机基本不采用风冷却系统,在工程机械上应用不多。图 5.1 所示是道依茨 FL513 柴油机风冷却系统示意图。

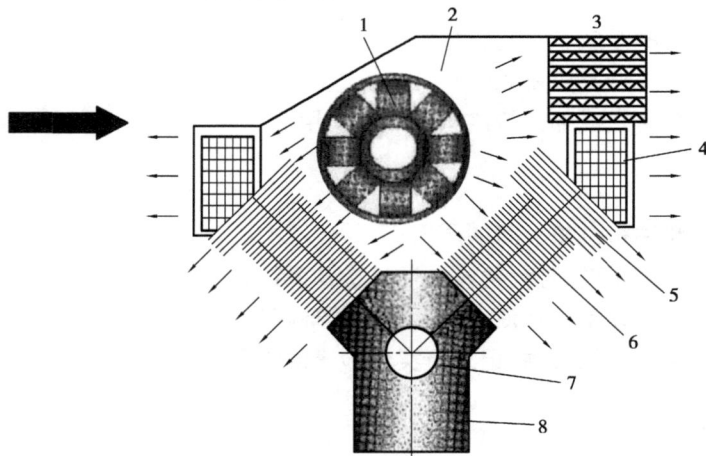

图 5.1　道依茨 FL513 柴油机风冷却系统示意图
1—冷却风扇;2—风压式;3—变速器油散热器;4—中冷器;
5—气缸盖;6—气缸套;7—气缸体(机体);8—油底壳

2. 水冷却系统

将柴油机中高温零件的热量先传给冷却液（或水），再散发到大气中去，使柴油机的温度降低而进行冷却的一系列装置，称为水冷却系统。柴油机水冷却系统以其结构可靠、冷却效果好、环境适应性强等特点获得广泛的应用，目前工程机械柴油机上广泛采用的是水冷却系统。

典型的工程机械柴油机水冷却系统（图5.2）主要由散热器（水箱）、水泵水管、水套、节温器和风扇等组成。有些工程机械柴油机采用膨胀水箱结构，膨胀水箱位置必须高于冷却系统散热器的最高位置。

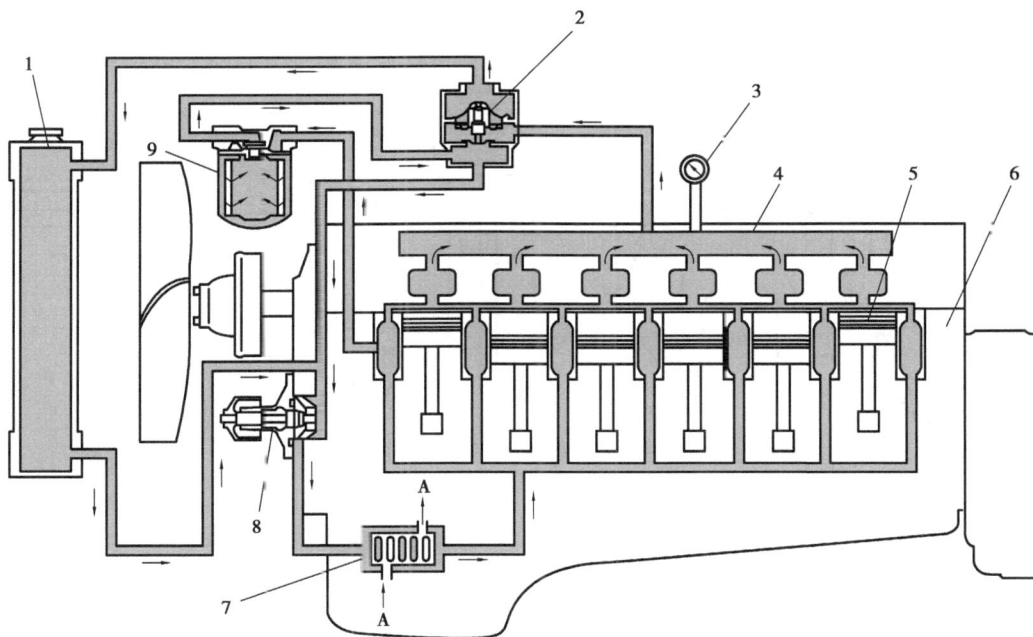

图5.2　典型工程机械柴油机水冷却系统组成图
1—散热器；2—节温器；3—冷却液温度表；4—气缸盖；5—活塞；6—气缸体；
7—机油冷却器；8—水泵；9—DCA冷却液滤清器；A—机油进口、出口

水冷却系统一般都由水泵强制冷却液在冷却系统中循环流动，故称为强制循环式水冷却系统。水冷柴油机的气缸盖和气缸体中都铸造有储水的、连通的夹层空间，称为水套，其作用是让水接近受热的高温零件，并可在其中循环流动。水泵将冷却液由机外吸入并加压，使之经分水管流入柴油机缸体水套。这样，冷却液从气缸壁吸收热量，温度升高；流到气缸盖水套，再次受热升温后，沿水管进入散热器内。经风扇的强力抽吸或吹压空气流过散热器，最终使受热后的冷却液在流经散热器的过程中，其热量不断地通过散热器散发到大气中去。同时，使水本身得到冷却。冷却后的水流到散热器的底部后又在水泵的加压下，经水管再压入水套，如此不断地循环，从而使柴油机在高温条件下工作的零件不断地得到冷却，保证了柴油机的正常工作。一些康明斯柴油机在冷却系统装有 DCA 水滤器（DCA 是一种冷却液添加剂）。水滤芯装在壳体里，可定期更换。冷却系统中一小部分冷却液流经 DCA 水滤器，对冷却液进行滤清和处理，以保证冷却液中必要的 DCA 浓度可使柴油机不产生水垢，并使水套和缸套表面产生一层氮化物的化学膜，以防止点蚀，从而延长柴油机保养间隔里程，降低维修保

养费用。

三、水冷却系统循环水路

为了保证柴油机在不同负荷、转速和气候条件下保持正常的工作温度,冷却液的循环路线是不同的。柴油机水冷却系统冷却液的循环方式有 3 种,即大循环、小循环和混合循环。

1.冷却液大循环

一般情况下,当柴油机的温度升高到 95 ℃以上时,主阀门全开,旁通阀门全关,冷却液全部经过散热器。此时冷却强度大,使冷却液温度下降或不致过高。

由于该循环时,冷却液的流经路线最长,流量大,故称为冷却液大循环。如图 5.3 所示,大循环冷却液流经路线为:水泵→分水管→缸体水套→缸盖水套→节温器→散热器→水泵。

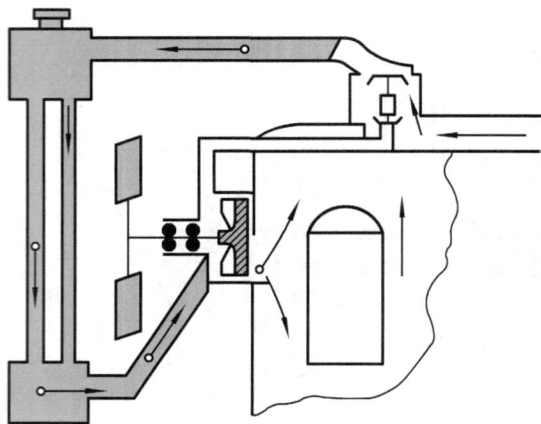

图 5.3　冷却液大循环　　　　　　　　　图 5.4　冷却液小循环

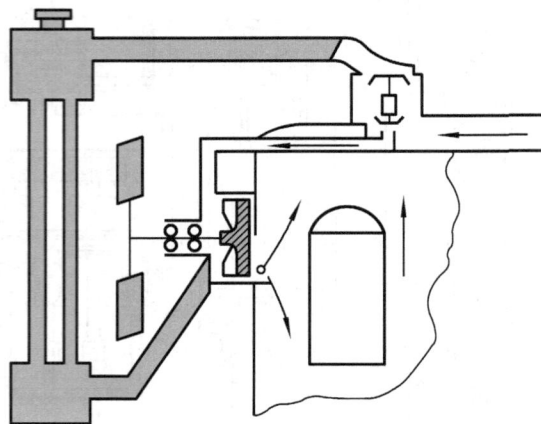

2.冷却液小循环

柴油机起动后热机时,如果冷却液温度低于 83 ℃,主阀门关闭,旁通阀门打开,冷却液只能经过旁通管直接回流到水泵的进水口,又被水泵压入水套。此时冷却液不流经散热器,只在水套和水泵之间循环。因此,冷却强度小,柴油机升温迅速,从而保证了柴油机各部位均匀而迅速地热机,且避免了柴油机过冷。

由于该循环时,冷却液的流动路线最短,流量小,故称为冷却液小循环。如图 5.4 所示,小循环冷却液的流经路线为:水泵→分水管→缸体水套→缸盖水套→节温器→水泵。

3.冷却液混合循环

当柴油机的冷却液温度处于 83~95 ℃时,节温器的主阀门和旁通阀门处于半开半闭状态,如图 5.5 所示,冷却液部分进行大循环,部分进行小循环。

四、防冻冷却液

防冻冷却液简称防冻液,意为具有防冻功能的冷却液。防冻液不仅是冬天用,而且应该常年使用。

1.防冻液的类型

①乙二醇+蒸馏水型防冻液:乙二醇是一种无色微黏的液体,沸点是 197.4 ℃,冰点是

-11.5 ℃,能与水任意比例混合。混合后的冰点在一定范围内随乙二醇的含量增加而下降。当乙二醇的含量为68%时,冰点可降低到-68 ℃,但超过这个限量时,冰点反而要上升。使用中水被蒸发,缺冷却水时,只需加入净水,一般可用3~5年。但乙二醇对金属有腐蚀性。故应加入适量的磷酸氢二钠等以防腐蚀。

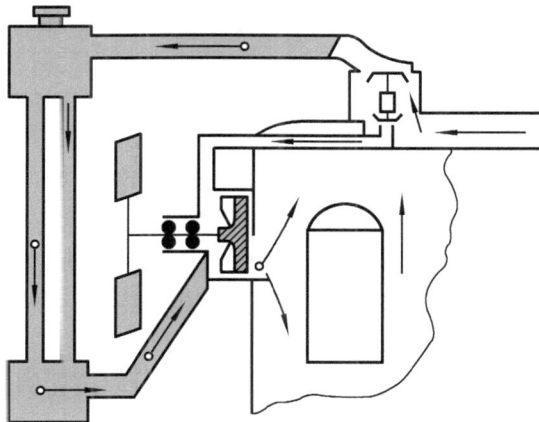

图5.5 冷却液混合循环

②酒精+蒸馏水型防冻液:酒精的沸点是78.3 ℃,冰点是-114 ℃。酒精与水可任意比例混合,组成不同冰点的防冻液。酒精的含量越多,冰点越低。当防冻液中的酒精含量达到40%以上时,就容易产生酒精蒸气而着火。因此,防冻液中的酒精含量不宜超过40%,冰点限制在-30 ℃左右。在高原使用的发动机不宜使用酒精+蒸馏水型防冻液。

③甘油+蒸馏水型防冻液:不易挥发和着火,对金属腐蚀性也小,但甘油降低冰点的效率低,配制同一冰点的防冻液时,比乙二醇、酒精的用量大。因此,这种防冻液用得较少。

2. 防冻液的优点

防冻液除防冻外,它还有以下几个优点:

①防腐蚀功能。柴油机及其冷却系统都是由金属制造的,材料有铜、铝、铁、钢等。这些金属在高温下与冷却液接触,时间长了都会遭到腐蚀,会生锈。防冻液不仅不会对柴油机冷却系造成腐蚀,而且还具有防腐、防锈功能。

②防沸功能。水的沸点是100 ℃,防冻液的沸点通常在110 ℃以上。在夏季使用,防冻液比水更难以"开锅",效果比普通水更好。

③防垢功能。将普通水用于冷却液最大的缺点是存在水垢问题。水垢附着在散热器、水套的金属表面,使散热效果越来越差,而且清除起来也很困难。优质的防冻液采用蒸馏水制造,并加有防垢添加剂,不但不产生水垢,还具有除垢功能。当然,如果水垢很厚,最好先用散热器清洗液彻底清洗后再添加防冻液。

3. 防冻液的使用注意事项

正确使用防冻液,可起到防腐蚀、防穴蚀渗漏、防散热器"开锅"、防水垢和防冻结等作用,能够使冷却系统始终处于最佳的工作状态,保持柴油机的正常工作温度,从而使柴油机处在良好的技术状态。

①要坚持常年使用防冻液,注意防冻液使用的连续性。

②要根据工程机械使用地区的气温选用不同冰点的防冻液,防冻液的冰点至少要比该地

区最低温度低 10 ℃,以免失去防冻作用。

③要针对各种柴油机的具体结构特点选用防冻液种类,强化系数高的柴油机应选用高沸点防冻液,缸体或散热器用铝合金制造的柴油机应选用含有硅酸盐类添加剂的防冻液。另外,某些品牌的柴油机还规定了专用的防冻液,对此应遵照执行。

④防冻液的膨胀率一般比水大,若无膨胀水箱,防冻液最多加到冷却系统容积的 95% 左右,以免防冻液溢出。

⑤不同牌号的防冻液不能混装混用,以免起化学反应破坏各自的综合防腐能力,用剩后的防冻液应在容器上注明名称,以免混淆。如果柴油机冷却系统原先使用的是水或换用另一种防冻液,在加入另一种防冻液之前,务必要将冷却系统冲洗干净。

⑥使用后,若因冷却系统渗漏引起散热器液面降低,应及时补充同一品牌的防冻液。若液面降低为水蒸发所致,则应向冷却系统添加蒸馏水或去离子水,切勿加入井水、自来水等硬水。当发现防冻液中有悬浮物、沉淀物或发臭时,说明防冻液已变质失效,应及时清洗冷却系统,并全部更换防冻液。

⑦若购买的是浓缩防冻液,如乙二醇型浓缩防冻液,可以按比例添加适量的纯水,以配制出适合本地区气温的防冻液。

⑧要注意防止防冻液渗漏,防冻液渗漏的结果不仅会造成防冻液损失,而且严重的渗漏会稀释机油,使润滑系统产生故障。要定期检查气缸盖接合情况,保证气缸垫密封完好,缸盖螺栓要按规定拧紧。

⑨乙二醇防冻液有毒,对肝脏有害,切勿吸入。皮肤接触后,应立即用水清洗干净。另外,这种防冻液中的亚硝酸盐防腐添加剂具有致癌性,废液不能乱倒,以免污染环境。

⑩乙醇型防冻液容易挥发,使用中应注意防火,在柴油机温度高时,不要打开散热器盖,也不要让柴油机立即熄火,以免因防冻液急剧升温而突然喷出,造成失火;如果因乙醇挥发使散热器液面下降,可用体积分数为 80% 的乙醇加注补充。

任务实施

根据所学,结合实训设备,查找相关资料,小组完成任务:正确说出实训室柴油机冷却系统的组成及各部件的作用,并能对冷却路线进行准确的描述和分析。

序　号	设备型号	冷却路线	主要部件功用
1			
2			
3			

学习活动二 冷却系统主要部件的结构与检修

一、水泵的结构

水泵的作用是对冷却液加压,强制冷却液在冷却系统中循环流动。如图 5.6 所示,常见的水泵安装在柴油机前端,由柴油机曲轴通过传动带驱动。现代工程机械柴油机均采用离心式水泵,这种水泵结构简单、体积小、出水量大、维修方便,获得广泛应用。

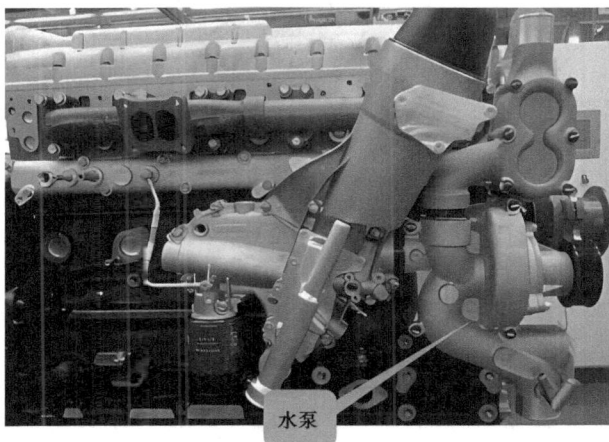

图 5.6 水泵的安装位置

离心式水泵由泵壳、叶轮、泵轴、水封等组成,图 5.7 所示为离心式水泵外形及剖面图。水泵装在机体侧面,用 V 形带驱动。带轮、轴和叶轮均安装在水泵壳上,进水道上有一个回水孔,在冷却液进行小循环时,从节温器来的冷却液经此孔进入水泵壳的进水口。水泵的最大流量能保证柴油机在任何工况下都能及时冷却。

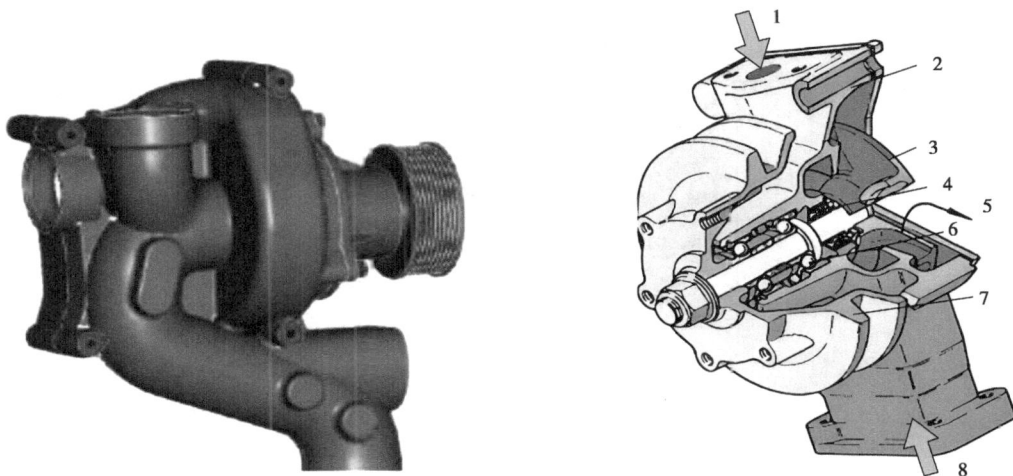

图 5.7 离心式水泵外形及剖面图
1—自节温器;2—水泵壳体;3—叶轮;4—水封;5—去发动机体;6—轴承;7—皮带轮;8—自散热器

离心式水泵的工作原理如图5.8所示。当柴油机工作时,带动水泵叶轮旋转,水泵中的水被叶轮带动一起旋转,在离心力的作用下向叶轮边缘甩出,经与叶轮成切线方向的出水管压送到柴油机水套内。与此同时,叶轮中心处形成一定负压而将水从进水管吸入,如此连续作用,使冷却液在水路中不断地循环。

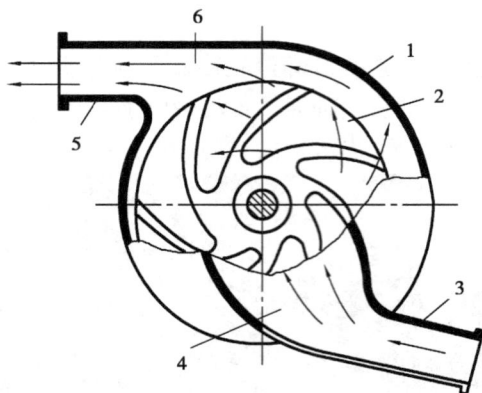

图5.8 离心式水泵的工作原理图
1—壳体;2—叶轮;3—进水管;4—进水腔;5—出水管;6—出水腔

二、散热器的结构

散热器的作用是将冷却液吸收的热量散发到大气中去。散热器安装在柴油机前面,上、下水室通过许多细小的水管连接在一起。来自柴油机的冷却液进入上水室,通过水管流到下水室,利用风扇向散热器送风。散热器必须有足够的散热面积,通常使用导热性能、结构刚度和防冻性能较好的铜、铝和铝合金等材料制造。如图5.9所示,散热器主要由上水室、下水室、散热器芯、散热器盖等组成。散热器上水室为薄钢板制成的容器,用橡胶软管同柴油机出水管相连接,并设有加水口盖。下水室也是用薄钢板制成的容器,用橡胶软管同柴油机进水管或水泵相连接,并装有放水开关。

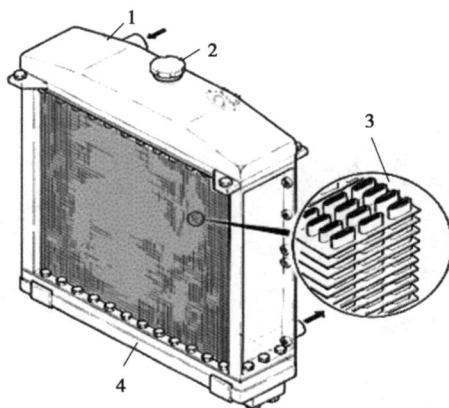

图5.9 柴油机散热器
1—上水室;2—散热器盖;3—散热器芯;4—下水室

1. 散热器芯

散热器芯常见的结构有两种:管片式和管带式,如图 5.10 所示。

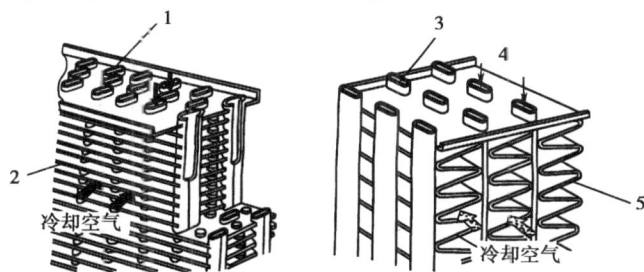

图 5.10 散热器芯

1,3—冷却管;2—散热片;4—冷却液;5—散热带

①管片式散热器芯由许多冷却管和散热片组成,冷却管是冷却液的通道,多采用扁圆形断面,以增大散热面积,同时当管内冷却液冻结膨胀时,扁管可借助其横断面变形而免于破裂。为了增强散热效果,在冷却管外面横向套装了很多散热片来增加散热面积,同时增加了整个散热器的刚度和强度。

②管带式散热器芯采用冷却管与散热带相间排列的方式,散热带呈波纹状,其上开有形似百叶窗的缝隙,用来破坏空气流在散热带上的附面层,从而提高散热能力。这种散热器芯与管片式相比,散热能力强、制造工艺简单、质量小、成本低,但刚度不如管片式好。

2. 散热器盖

散热器盖对冷却系统起密封加压作用。现代工程机械柴油机采用封闭式水冷却系统,它们的散热器盖上装有自动阀门,当柴油机处于正常状态时,阀门关闭,将冷却系统与大气隔开,防止水蒸气逸出,使冷却系统内压力稍高于大气压力,从而提高冷却液的沸点,保证柴油机能在较长时间及较高负荷下工作。在冷却系统压力过高或过低时,自动阀门开启,使冷却系统与大气相通。

散热器盖的结构如图 5.11 所示。盖内装有空气阀和蒸汽阀,当冷却液温度降低,体积收缩后,压力降到低于大气压规定值时,空气阀开启,空气进入冷却系统,避免因压力差将散热器芯管压瘪,如图 5.11(a)所示。当冷却液温度升高,散热器内部压力大于规定值时,蒸汽阀开启,使冷却液蒸汽从蒸汽排出管排出,以防压坏散热器芯管,如图 5.11(b)所示。

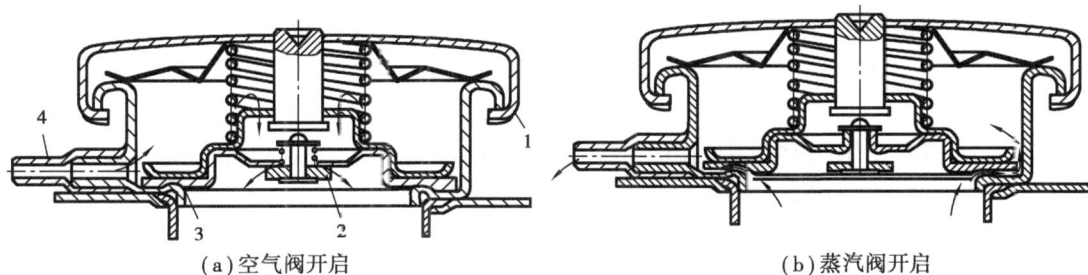

(a)空气阀开启   (b)蒸汽阀开启

图 5.11 散热器盖

1—散热器盖;2—空气阀;3—蒸汽阀;4—蒸汽排出管

3.膨胀水箱

柴油机在大负荷下工作时,冷却液在高温区冷却表面上常会出现沸腾而产生蒸汽泡,当蒸汽泡增多连成一片时,便形成蒸汽囊;另外,水管接头或水泵本身密封不良时,空气会漏进冷却系统内部而形成空气囊;由于柴油机燃烧压力高,气缸垫密封稍有不良,燃气就容易从气缸内窜入冷却系统内而形成燃气囊。这些气体在一般情况下可从加水盖处排出,若这些气体排不出去,在冷却系统中会形成气阻,从而造成水泵供水不足,水的流速和压力降低,会使气缸套冷却恶化而产生点蚀。残留的空气还会造成局部冷却不均匀以及空气氧化腐蚀金属等故障。膨胀水箱的一个作用就是排出上述气体,消除冷却系统的气阻现象。让冷却液在冷却回路上有膨胀体积的空间,这是膨胀水箱的另一个作用。膨胀水箱又称附加水箱或高位水箱,它是一个容积不大,安装位置较高的水箱,它与散热器并联在冷却系统的水路中,如图5.12 所示。工作时使一部分冷却液流经膨胀水箱,在其内使气和水分离,这个过程称为除气循环。

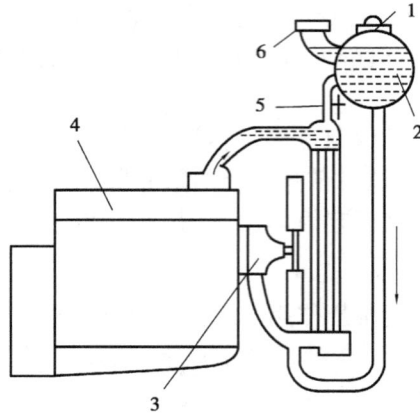

图5.12 膨胀水箱
1—压力盖;2—膨胀水箱;3—水泵;4—散热器;5—放气管;6—加水口

三、节温器

节温器安装在冷却液循环的通路中,根据柴油机负荷大小及冷却液温度高低来改变冷却液的流动路线及流量,自动调节冷却系统的冷却强度,使冷却液温度保持在最适宜的范围内。目前,工程机械柴油机上广泛采用的是蜡式节温器,因为它具有对水压影响不敏感、工作性能稳定、水流阻力小、结构坚固和使用寿命长等优点。图5.13 所示为蜡式节温器工作原理及实物图。

常温下,石蜡(热感应体)呈固态,当温度升高时,逐渐熔化,体积也随之增大。感应体上部套装在主阀门上,下端则与副阀门铆接在一起。当冷却液温度低于83 ℃时,节温器体内的石蜡体积膨胀量尚小,故主阀门受大弹簧作用被紧压在阀座上,来自散热器的水道被关闭,而副阀门则打开来自柴油机的旁通水道,所以冷却液不经过散热器,只在水泵与柴油机水套之间做小循环流动。这样,柴油机开始工作时,冷却液快速升温,能很快暖机,在短时间内达到柴油机的正常工作温度。当冷却液温度高于83 ℃时,石蜡体积膨胀,对中心杆锥形端部产生轴向推力,迫使感温器体压缩大弹簧,使主阀门逐渐开启,副阀门逐渐关闭,因而部分来自散热器的冷却液做大循环流动。随着温度升高,主阀门开大,使大循环的冷却液增多。当冷却液温度达到95 ℃时,主阀门全开,副阀门则完全关闭,全部冷却液流经散热器做大循环流动。

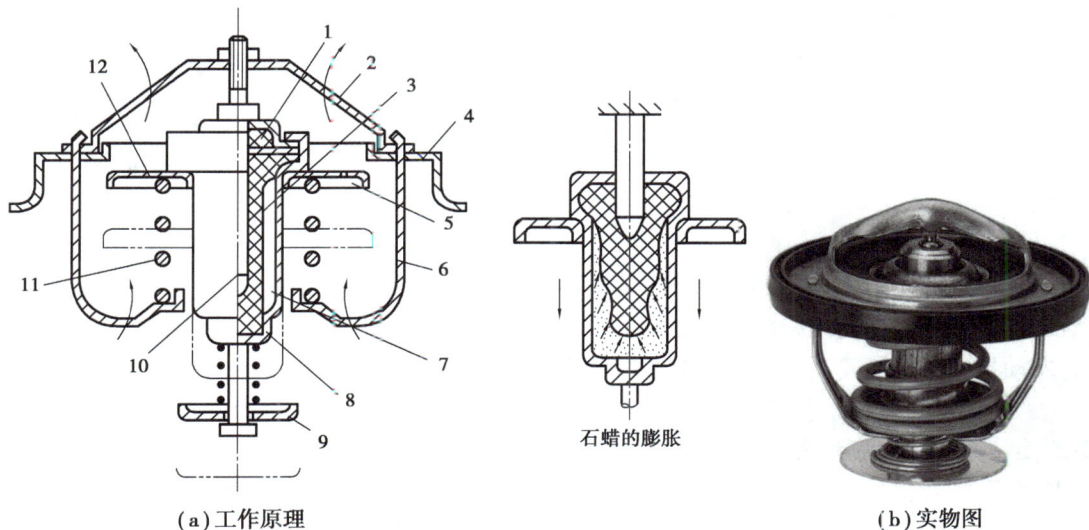

石蜡的膨胀

(a)工作原理　　　　　　　　　　　　　　　(b)实物图

图5.13　蜡式节温器

1—盖和密封垫;2—上支架;3—胶管;4—阀座;5—通气孔;6—下支架;
7—石蜡;8—感应本;9—副阀门;10—中心杆;11—弹簧;12—主阀门

四、风扇及其驱动装置的结构

柴油机风扇由多片叶片组成,一般安装在皮带盘前端、散热器后面。其功用是将空气吸进散热器并吹向发动机外壳,降低散热器中冷却液的温度,同时使发动机外壳及附件得到适当冷却。

电控柴油机根据发动机的外部条件(水温、进气温度、空调等)来自动调整风扇的转速,使发动机在最佳温度下工作,在满足整车散热需求的前提下有效降低风扇功率的消耗,最终达到降低油耗的目的,如图5.14所示。

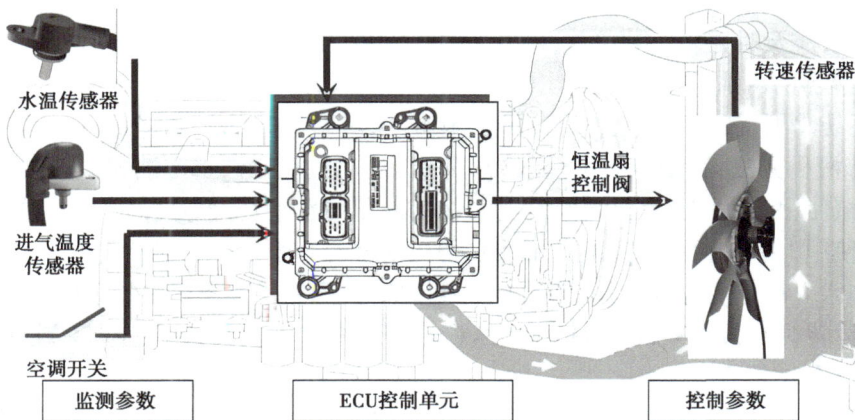

图5.14　电控柴油机风扇控制

风扇驱动装置如图 5.15 所示,柴油机风扇、发电机、水泵一起由曲轴上附件带轮通过传动带驱动,传动带的工作状态将直接影响冷却系统的工作温度:张紧过度的传动带将使两端轴、带轮及传动带增加磨损;张紧不够的传动带将会打滑,使所传动的部件工作效率降低、传动带发热造成损坏。通过张紧轮可以调整传动带的张紧度。

图 5.15　WP4.1N/WP6.4N
国六柴油机风扇

五、冷却系统的检修

1.水泵的检修

水泵常见的损伤是泵体破裂、叶轮破裂、水封变形或老化损坏、泵轴或轴承磨损、带轮凸缘配合孔松动等。损伤后,将出现吸水不佳、压力不足、循环不良、漏水、发动机过热等故障。水泵的检修内容如下:

①检查水泵体有无裂缝和破裂,螺孔螺纹有无损坏,前后轴承孔是否磨损过限,与止推垫圈的接触面有无擦痕和磨损不平,分离平面有无挠曲变形。水泵体破裂可以用生铁焊条氧焊修理;螺孔螺纹损坏可扩孔后再攻丝,或焊补后再钻孔攻丝;轴承轴向间隙和径向间隙超过规定值时应更换;轴承孔磨损超过 0.03 mm 时,可用镶套法修复,套和孔配合过盈量为 0.025 ~ 0.050 mm;止推垫圈接触平面有擦痕,垫圈座有麻点或沟槽不平时,可用铰刀修整;若壳体与盖连接平面挠曲变形超过 0.05 mm,应予以修平。

②检查水泵轴有无弯曲,轴颈磨损是否过限,轴端螺纹有无损伤。水泵轴的弯曲一般应在 0.05 mm 以内,否则应予以冷压校正。

③检查水泵叶轮上的叶片有无破碎,装水泵轴的孔径是否磨损过限。叶轮叶片破裂,可以堆焊修复;孔径磨损过限,可以镶套修复。

④检查水封、胶木垫圈的磨损程度,如接触不良则应更换新件。

⑤检查水泵轴及皮带轮键槽的磨损情况,当键槽和销子已磨损不适用时,应更换新件。

2.散热器的检修

由于使用了防冻剂,能防冻、防锈、防结垢,但散热器仍是个薄弱环节,易损伤,若发生渗漏,应及时检查修理,特别应注意清洁工作。同时应经常检查散热器软管有无龟裂、损伤、膨胀,一旦发现,应及时更换。

（1）散热器的清洗

冷却系统水垢沉积后,将会使冷却液流量减小,散热器传热效果降低,促使柴油机过热。清除水垢有两种方法:一是将质量分数为 2% ~3% 的氢氧化钠水溶液加入柴油机冷却系统中,工程机械使用 1 ~2 天后将冷却液全部放出,并用清水冲洗,然后再加入同样的氢氧化钠水溶液,再使用 1 ~2 天后放出,最后用清水彻底清洗冷却系统。二是冷却系统加满清水后,从加水口加入 1 kg 碳酸氢钠,让工程机械工作 1 天,然后将冷却系统中的水放尽,再使柴油机低速运转,运转时不断地从加水口加入清水（放水开关也放水）,彻底将冷却系统冲洗干净。

（2）散热器的检查

将压力检测器装在散热器上,可用专用仪器进行检查。用检查仪器的手动泵使内部压力达 100 kPa,然后观察压力变化。如果出现明显下降,说明冷却系统存在渗漏部位,应予以排除。如果堵死散热器的进出口,在散热器内充入 50 ~100 kPa 的压缩空气,并将其浸泡在水中,检查有无气泡冒出,若有气泡,应做好记号,以便焊修。再用手动泵使压力上升,在 120 ~ 150 kPa 时,膨胀水箱上的压力阀必须打开。

（3）散热器盖的检查

对于有空气—蒸汽阀的散热器盖,用专用压力检测器检查,散热器盖的空气阀、蒸汽阀开启压力应在规定范围内。

（4）膨胀水箱的检查

为了保证除气系统的防气蚀压力,应将膨胀水箱安装在冷却系统最高处;膨胀水箱最低液面到其底面距离也是有一定要求的。有些柴油机膨胀水箱上印有两条液面高度标记线:"FULL"（充满）和"ADD"（添加）。冷却液温度在 50 ℃ 以下时,液面高度不应低于"ADD"线,否则需补充冷却液,补充时冷却液可从膨胀水箱加水口加入,高度不超过"FULL"线。

3. 节温器的检修

检查节温器功能是否正常,可将其置于容器中加热（注意不要接触容器壁）,观察节温器阀门开始开启温度、全开温度及最大升程,将测量结果与标准值比较,如果不符合要求,应进行更换。

4. 柴油机风扇及其驱动装置的检修

柴油机风扇及其驱动装置的检查和调整方法如下。

①检查风扇叶片、风扇轴有无裂纹及磨损和损坏,风扇如果有任何损坏,切勿修复,必须更换。

②传动带调整方法如下:

a.松开张紧轮支架螺栓,用撬杆撬动张紧轮,同时检查传动带的松紧度,以手指轻压传动带中部时下沉量为 10 ~ 15 mm 为宜。

b.固定好螺栓后要复验一次。

c.在检查风扇传动带张紧度时,应结合检查风扇叶片安装是否牢固,水泵轴有无轴向间隙等。

任务实施

复习学习的内容,完成下列分析题。

序　号	题　目	答　案
1	简述柴油机冷却系统中水泵的作用。	
2	简述柴油机冷却系统中散热器的作用。	
3	为什么要在冷却管外面横向套装很多散热片?	

学习活动三　柴油机冷却系统常见故障诊断与排除

学习过程

柴油机冷却系统常见的故障有冷却液温度过高、冷却液温度过低和冷却液消耗过多等。

一、冷却液温度过高

1. 故障现象

工作中的工程机械,在冷却液温度表和冷却液温度传感器技术状况完好的情况下,温度表指针经常指在100 ℃以上,并且散热器伴随有"开锅"现象,燃烧室内出现"炽热点",柴油机易发生早燃使工作粗暴。出现这些现象,可判定柴油机有冷却液温度过高的故障发生。

2. 故障原因

根据柴油机上述系统的原理,结合故障现象,一般可从4个方面考虑:冷却系统中冷却液量不足、冷却系统温度调节装置故障、柴油机供油时间过迟或燃烧室内积炭过多、气缸与活塞配合间隙过小或润滑不良。

①冷却系统中冷却液量不足:散热器内没有加足冷却液、冷却系统泄漏、水泵压力不足、水道或散热管等被水垢及污物堵塞。

②冷却系统温度调节装置故障:节温器主阀门打开温度过高或开度不够;风扇传动带松弛、沾油打滑或断裂;风扇离合器接合时间过晚或打滑等。

③燃油系统故障:供油时间过迟使后燃期增长,造成柴油机过热;燃烧室内积炭过多。

④气缸与活塞配合间隙过小或润滑不良:造成活塞组与气缸摩擦加剧,工作温度升高,导致冷却液温度过高。

3. 故障诊断与排除

此故障重点检查柴油机冷却系统。根据从易到难、从外到内的故障诊断与排除原则,在诊断故障时依次检查冷却液位是否正常、冷却系统是否外漏、冷却系统是否内漏、水泵性能是否良好、风扇是否正常、节温器是否正常。

冷却系统具体诊断排除流程如下:

(1)冷却液、散热器及其管路检查

检查冷却液量,若液面位置过低,则加注冷却液。目视观察散热器进、出水管是否破损或接头是否漏水,若漏水,则更换出现漏点的零件。

若外接管路无明显泄漏,将压力检测器装在散热器上,用专用仪器进行检查。用检查仪的手动泵使内部压力达到100 kPa,然后观察压力变化。如果出现明显下降,说明冷却系统存在渗漏部位。可采用气泡观察法单独检查散热器,寻找漏点。

(2)冷却系统内漏检查

通过检查机油是否发白(乳化),或在柴油机冷却液温度正常时排气是否冒白烟,来确定内部是否渗漏。检查气缸垫是否破损,若有损坏,则更换气缸垫;检查水套、水道等是否开裂或有砂眼,若有,则检修相关部位。

（3）水泵检查

用手紧握缸盖连接散热器的出水管，由怠速加到高速，如果感到水流量加大，说明水泵正常，否则说明水泵泵水压力不足，应进行拆检。拆检主要检查水泵传动带及带轮、水泵壳体或水泵轴及叶轮、水封等部位。

（4）风扇检查

主要检查风扇传动带或带轮、风扇离合器等部位。

（5）节温器检查

若散热器上水室进水管处水流小，说明节温器主阀门开启故障，检查节温器主阀门开启温度和开度是否正常。

二、冷却液温度过低

1. 故障现象

冬季工作的工程机械，在冷却液温度表和冷却液温度传感器技术状况完好的情况下，柴油机达不到正常的工作温度、柴油机动力不足或油耗增加。出现这些现象，可判定柴油机有冷却液温度过低的故障发生。

2. 故障原因与检修

造成冷却液温度过低的原因及处理方法如下：

①百叶窗关闭不严。检修百叶窗及控制机构。

②风扇离合器接合过早。检修或更换风扇离合器。

③节温器主阀门不能关闭。检修或更换节温器。

三、冷却液消耗过多

1. 故障现象

冷却液消耗过多是指冷却液比正常情况下消耗过快的现象。

2. 故障原因与检修

其主要原因有冷却系统外部渗漏、内部渗漏。因冷却液泄漏造成冷却液消耗过多的原因及处理方法如下：

①散热器进、出水管破损或接头漏水。更换散热器进、出水管，或更换卡箍、密封圈等。

②散热器盖开启压力过低。更换散热器盖。

③散热器冷却管泄漏。检修或更换散热器。

④水泵水封损坏漏水。检修水泵。

⑤气缸垫破损，导致内漏。更换气缸垫。

⑥水套、水道开裂或有砂眼。检修柴油机内部冷却液循环管路。

任务实施

小组协作，对以下故障进行分析。

序　号	故障现象	故障原因
1	冷却液温度表指针经常指在 100 ℃以上，并且散热器伴有"开锅"现象。	
2	冬季工作的工程机械，在冷却液温度表和冷却液温度传感器技术状况完好的情况下，柴油机达不到正常的工作温度、柴油机动力不足或油耗增加。	

学习效果测评

学习任务六

检修柴油机润滑系统

◎ **相关应用场景讨论**

客户 A 来到某品牌工程机械销售租赁公司,称自己的装载机起动后,出现机油油压过低报警装置报警。如果你是工程机械售后维修人员 B,该从哪些方面了解该柴油机润滑系统的结构、组成和工作原理? 产生机油油压过低的故障原因是什么? 如何进行相应的诊断与排除?

◎ **知识目标**

1. 掌握润滑系统的组成、功用及原理;
2. 掌握润滑系统各组成部分的结构特点及功用;
3. 掌握曲轴箱通风装置的功用、结构及原理。

◎ **技能目标**

1. 能正确判断机油压力过高的故障原因;
2. 能按照操作规范正确装拆、检修柴油机润滑系统;
3. 能正确写出实训设备的润滑油路;
4. 能完成适当的职场文件,记录所实施检修的结果。

◎ **价值引领**

行业自信、民族自信:润滑对提高柴油机热效率至关重要,国产品牌潍柴不断刷新柴油机热效率的"黑科技"之一便是"分区润滑"。

学习活动一　润滑系统概述

学习过程

一、柴油机润滑系统的功用

柴油机润滑系统的基本任务就是将机油不断地供给各零件的摩擦表面,以减小零件的摩擦和磨损。除此之外,柴油机润滑系统还具备以下功用:

①清洗作用:机油在润滑系统内不断循环,清洗摩擦表面,带走磨屑和其他异物。

②冷却作用:机油在润滑系统内循环,带走摩擦产生的热量,起到冷却作用。

③密封作用:在运动零件之间形成油膜,提高密封性,有利于防止漏气或漏油。

④防锈蚀作用:在零件表面形成油膜,对零件表面起保护作用,防止腐蚀生锈。

⑤液压作用:润滑油可用作液压油,起液压作用,如液压挺柱。

⑥减振缓冲作用:在运动零件表面形成油膜,吸收冲击并减小振动,起减振缓冲作用。

二、润滑方式

一般的柴油机均采用综合润滑系统。对工作负荷大、运动速度高、工作条件差的摩擦表面,如主轴承、连杆轴承、凸轮轴承、摇臂轴承等,均需要使用机油泵,将具有一定压力的润滑油输送到摩擦表面间隙中,方能形成油膜保证润滑,即采用压力润滑。其他如活塞与气缸壁、配气机构的凸轮等则利用运动零件激溅起来的油滴或油雾进行润滑,这种润滑方式称为飞溅润滑。其他辅助机构零件,如风扇、水泵轴和发电机轴等则采用定期加注润滑剂的方法进行润滑,即定期润滑(脂润滑)。本任务主要讨论压力润滑。

三、认识工程机械柴油机润滑系统

1. 润滑系统的组成及各部件的功用

如图 6.1 所示,工程机械柴油机润滑系统一般由油底壳、机油泵、滤清器、机油散热器、限压阀、安全阀、主油道溢流阀、恒温阀、油温表、机油压力表等部件组成。各组成部件的功用如下:

机油泵、输油管、吸油管、集滤器和油底壳等的作用是将机油吸取加压后送往各润滑部位进行润滑。柴油机的大部分机油道、油管设计在气缸体、气缸盖的内部,这种内部油道不易损坏和泄漏,可靠性好。

机油滤清装置包括机油粗滤器(全流滤油器)、机油细滤器(旁流滤油器),其功用是清除循环机油中所含的各种杂质,保证润滑系统正常工作。

机油冷却装置即机油冷却器,用来冷却机油,防止因机油温度过高和机油黏度降低而失去润滑作用,确保柴油机正常工作。

压力调节阀、机油滤清器旁通阀、油压表、油尺等,用来保障润滑系统安全,检查润滑系统工作状况。其中,限压阀限制润滑系统中油液的最高压力;安全阀在滤清器堵塞后可及时开启,以保证主油道能正常通过润滑油;恒温阀能够保证发动机起动后快速升温;溢流阀则限制主油道中油液的最高压力。

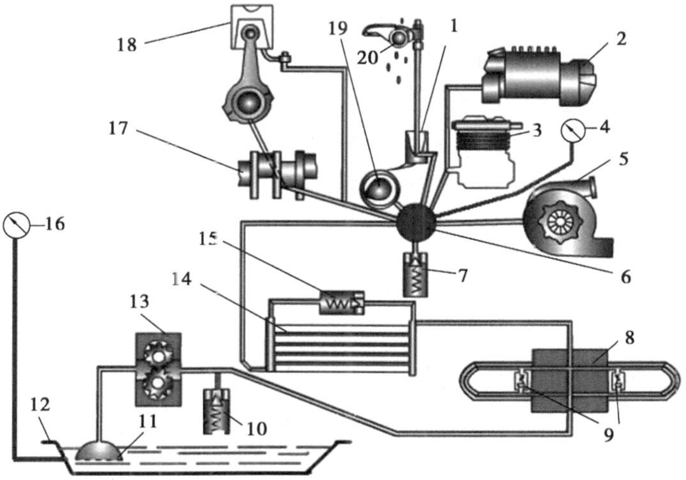

图 6.1　工程机械柴油机润滑系统组成

1—挺柱；2—高压油泵；3—空压机；4—油压表；5—废气涡轮增压器；6—主油道；7—溢流阀；8—滤油器；9—安全阀；10—限压阀；11—集滤器；12—油底壳；13—机油泵；14—机油散热器；15—恒温阀；16—油温表；17—曲轴；18—活塞；19—配气凸轮轴；20—摇臂轴

2. 典型柴油机润滑油路

图 6.2 所示为康明斯全流量冷却式机油油路。全流量冷却式润滑系统一直以最大流量运转，工作时，机油经集滤器和油管吸入机油泵，加压后进入柴油机左侧的机油冷却器。在机油冷却器中冷却后，少部分机油送到机油细滤器后回油底壳，其他大部分机油进入机油粗滤器滤清，而后再经机油滤清器座分成 4 路：第一路去增压器，然后回油底壳；第二路去润滑附件及空压机；第三路去冷却喷嘴，用来冷却活塞内顶部，喷出的机油回油底壳；第四路从机体

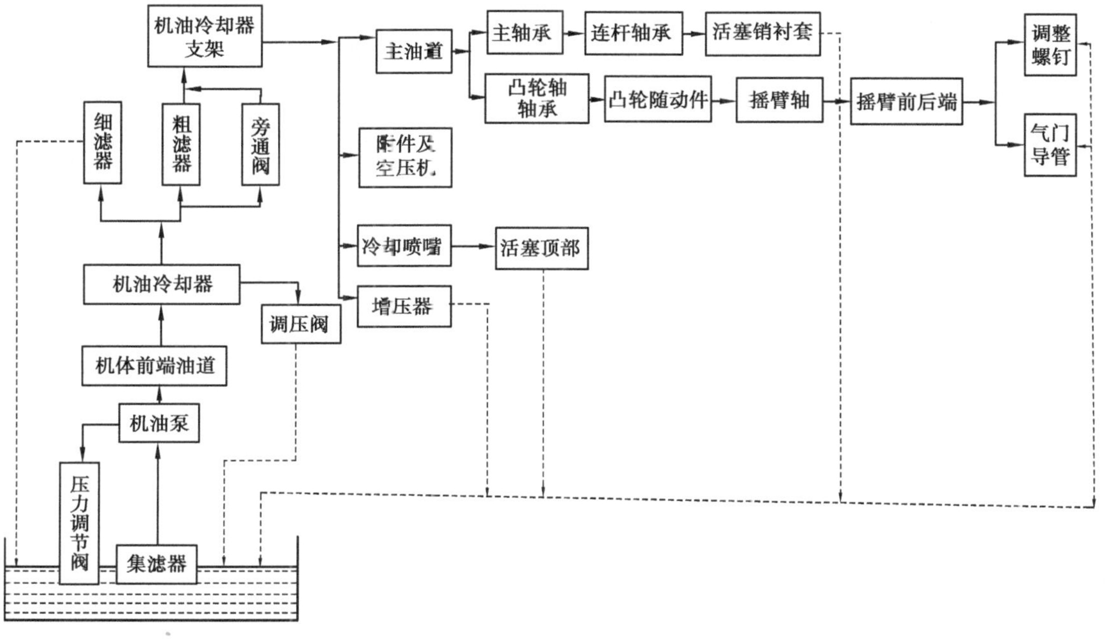

图 6.2　康明斯全流量冷却式机油油路示意图

前端油道横穿过去流向主油道,进入主油道的机油通过缸体上的油道供往各主轴承,然后经曲轴上的孔道进入各连杆轴承,再通过连杆油道流向活塞销和连杆小头之间的衬套。主油道的机油还通过缸体上的油道流向凸轮轴承、各摇臂轴以及摇臂前后端和推杆等处。上述各处的机油润滑后均回油底壳。气缸壁、活塞与活塞环及凸轮靠飞溅润滑。

图 6.3 所示为潍柴国六机型 WP9H/WP10H 柴油机润滑油路,具体油路分析则不再赘述。

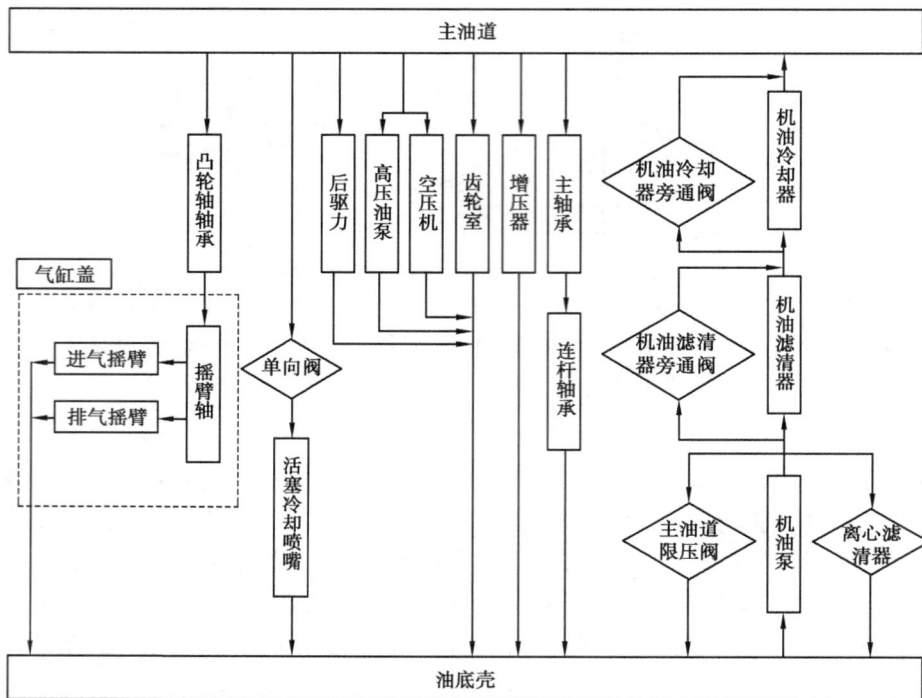

图 6.3 WP9H/WP10H 柴油机润滑油路

任务实施

根据所学,结合实训设备,查找相关资料,小组完成任务:正确说出实训室柴油机润滑系统的组成及各部件的作用,并对润滑油路进行准确的描述和分析。

序　号	设备型号	润滑油路	主要部件功用
1			
2			
3			

学习活动二　润滑系统主要部件的结构与检修

学习过程

一、机油泵的结构

机油泵的作用是把一定量的机油压力升高,强制将机油压送到柴油机各摩擦表面,保证用于压力润滑的机油循环流动。

机油泵常见的结构形式有齿轮式机油泵和转子式机油泵。

1. 齿轮式机油泵

机油泵壳体上加工有进油口和出油口,机油泵的进油口与集滤器相连。在机油泵壳体内装有一个主动齿轮和一个从动齿轮。齿轮和壳体内壁之间留有很小的间隙,其工作原理如图6.4所示。当齿轮按图所示方向旋转时,进油腔的容积由于轮齿向脱离啮合方向运动而增大,腔内产生一定的真空度,机油便从进油口吸入并充满进油腔。旋转的齿轮将齿间的机油带到出油腔。由于轮齿进入啮合,出油腔容积减小,油压升高,机油经出油口被输送到柴油机油道中。

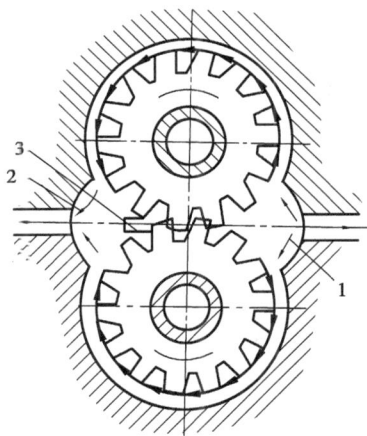

图6.4　齿轮式机油泵工作原理
1—进油腔;2—出油腔;3—卸压槽

一般在机油泵盖上铣出一条泄压槽与出油腔相通,使轮齿啮合时挤出的机油通过泄压槽流向出油腔,以消除轮齿进入啮合时在齿轮间产生的推力。

2. 转子式机油泵

机油泵壳体内装有内转子和外转子。内转子通过键固定在主动轴上,外转子外圆柱面与壳体配合,二者之间有一定的偏心距,外转子在内转子的带动下转动。壳体上设有进油口和出油口。其工作原理如图6.5所示,在内外转子的转动过程中,转子的每个齿的齿形齿廓线上总能相互成点接触。这样内外转子间形成了4个封闭的工作腔。内、外转子转向相同,由于外转子总是慢于内转子,这4个工作腔容积在不断变化。每个工作腔在容积最小时与壳体上的进油孔相通,随着容积的增大,产生真空,机油便经进油孔吸入。转子继续旋转,当工作腔与出油孔相通时,容积逐渐减小,压力升高,机油被压出。

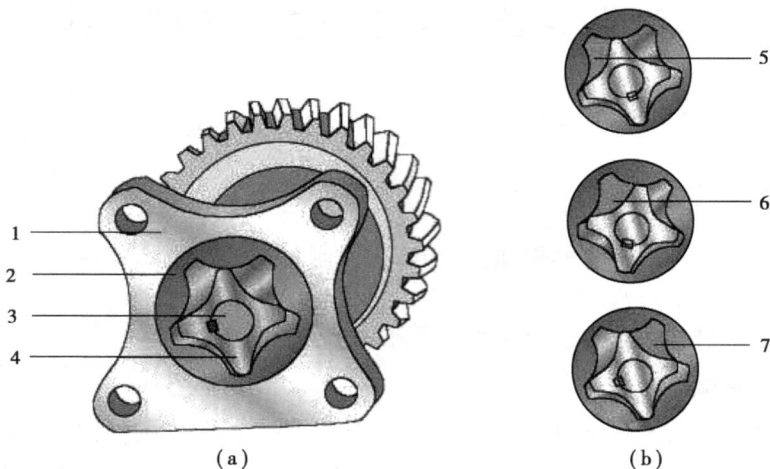

图 6.5 转子式机油泵

1—壳体;2—外转子;3—转子轴;4—内转子;5—进油;6—压油;7—出油

转子式机油泵结构紧凑,体积小,质量轻,吸油真空度高,泵油量大,供油均匀度好,安装在曲轴箱外位置较高处时也能很好地供油。

二、机油滤清器的结构

机油滤清器按过滤能力分为集滤器、粗滤器和细滤器 3 种。

1.集滤器

集滤器装在机油泵之前,用来防止粒度大的杂质进入机油泵。一般采用滤网式,有浮式和固定式两种结构形式,如图 6.6 所示。

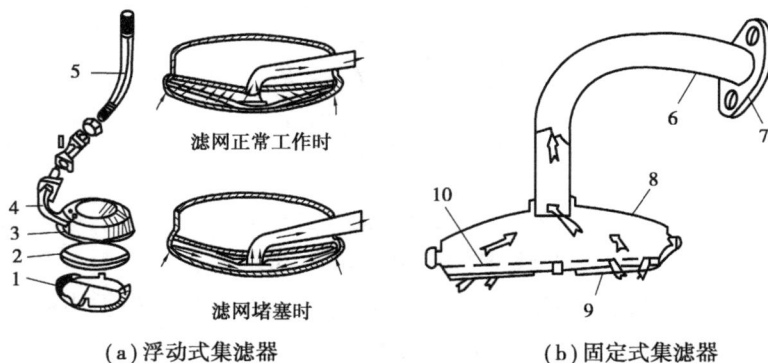

图 6.6 集滤器

1—罩;2,10—滤网;3—浮子;4,6—吸油管;5—固定管
7—连接法兰盘;8—壳体;9—底片

浮式集滤器由浮子、滤网、罩及焊在浮子上的吸油管所组成。浮子是空心的,以便浮在油面上。固定管通往机油泵,安装后固定不动。吸油管活套在固定管中,使浮子能自由地随油面升降。浮子下面装有金属丝制成的滤网。滤网有弹性,中央有环口,平时依靠滤网本身的弹性使环紧压在罩上。罩的边缘有缺口,与浮子装合后形成缝隙。

当机油泵工作时,机油从罩与浮子之间的狭缝吸入,经过滤网滤去粗大的杂质后,通过油管进入机油泵;滤网被淤塞时,滤网上方的真空度增大,克服滤网的弹力,滤网便上升而环口离开罩。此时,机油不经滤网面直接从环口进入吸油管内,保证机油的供给不致中断。浮式集滤器能吸入油面上较清洁的机油,但油面上的泡沫易被吸入,使机油压力降低,润滑不可靠。

固定式集滤器装在油面下正,它的滤网相对于油底壳位置不变,吸入中层或中下层机油,吸入的机油清洁度稍逊于浮式集滤器,但可防止泡沫吸入,润滑可靠,结构简单,故基本取代了浮式集滤器。

如果机油滤网堵塞,应用柴油或煤油清洗后再用压缩空气吹干;浮子如有破损,应进行焊修。

2.粗滤器

粗滤器属于全流式滤清器,串联于机油泵与主油道之间,它对机油的流动阻力较小,用以滤去机油中粒度较大(直径为 0.05 ~ 0.1 mm)的杂质。

粗滤器根据滤清元件(滤芯)的不同,可以有各种不同的结构形式。目前工程机械柴油机常用的为纸质式粗滤器。

纸质式粗滤器内部结构如图 6.7 所示,滤芯分内外两层,外层滤芯由波折的微孔纸组成,内层滤芯使用金属丝编成的滤网或冲压的多孔板,以加强滤纸。机油从外围经过滤芯的过滤后从中心流向主油道。目前,为了维修方便,工程机械柴油机均采用螺纹连接式、封闭式的外壳,直接旋装于滤清器座上,达到规定工作小时后可进行整体更换。

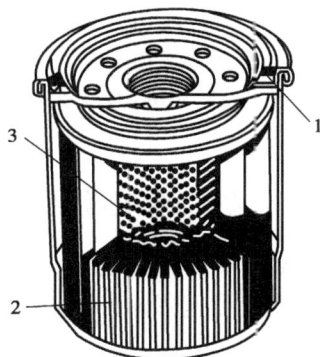

图 6.7　粗滤器
1—密封圈;2—纸质滤芯;
3—内层滤芯

3.细滤器

细滤器属于旁流式滤清器,与主油道并联,对机油的流动阻力较大,用以滤除直径在 0.001 mm 以上的细小杂质。将经粗滤器过滤的机油的一小部分引入细滤器,使此部分机油得到充分过滤。经过一段时间运转后,所有机油都将通过一次细滤器,从而保证了机油的清洁度。细滤器分为过滤式和离心式两种类型,现代工程机械柴油机一般采用离心式细滤器。图 6.8 所示为离心式机油细滤器结构。

滤清器壳体上固定着带中心孔的转子轴,转子体上压有 3 个衬套,并与转子体端套连成一体,套在转子轴上,可自由转动。压紧螺母将转子盖与转子体紧固在一起。转子下面装有推力轴承,上面装有支承垫圈,并用弹簧压紧以限制转子轴的轴向窜动。转子下端装有两个径向水平安装的喷嘴。压紧螺套将滤清器盖固定在壳体上,使转子密封。

柴油机工作时,从油泵出来的机油进入滤清器进油口。当机油压力低于 0.1 MPa 时,进油限压阀不开启,机油则不进入滤清器而全部供入主油道,以保证柴油机润滑可靠。当机油压力高于 0.1 MPa 时,则进油限压阀被顶开,机油沿壳体中的转子轴内的中心油道,经出油口进入转子内腔,然后经进油口、油道从两喷嘴喷出。在机油喷射的反作用力的推动下,转子及转子内腔的机油高速旋转。在离心力作用下,机油中的杂质被甩向转子壁并沉淀,清洁的机油经滤清器出油口流回油底壳。在柴油机工作中,如果油温过高,可旋松调整螺钉,机油通过球阀,经管接头流向机油冷却器。当油压高于 0.4 MPa 时,旁通阀打开,机油流回油底壳。

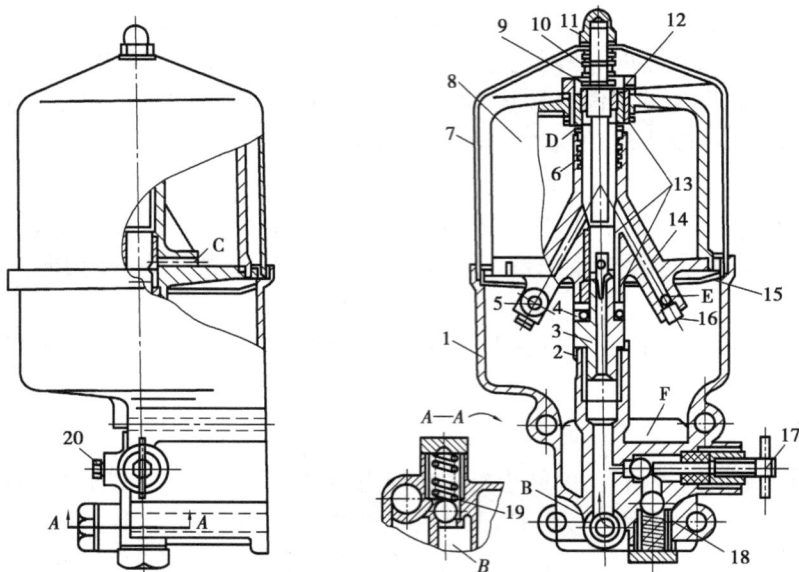

图 6.8 离心式机油细滤器

1—壳体；2—锁片；3—转子轴；4—推力轴承；5—喷嘴；6—转子体端套；7—滤清器盖；8—转子盖；
9—支承垫圈；10—弹簧；11—压紧螺套；12—压紧螺母；13—衬套；14—转子体；15—挡板；16—螺塞；
17—调整螺钉；18—旁通阀；19—进油限压阀；20—管接头；B—滤清器进油口；
C—出油口；D—进油口；E—通喷嘴油道；F—滤清器出油口

三、机油冷却器的结构

机油冷却器设置在热负荷较高的柴油机上，其作用是加强机油的冷却，保证机油的温度在正常工作范围内(80～105 ℃)。冷却器的油路与主油道串联，柴油机的冷却液流经散热片间的缝隙，带走机油的热量，使冷却后的机油进入主油道。图 6.9 所示为常用机油冷却器的结构图和实物图。

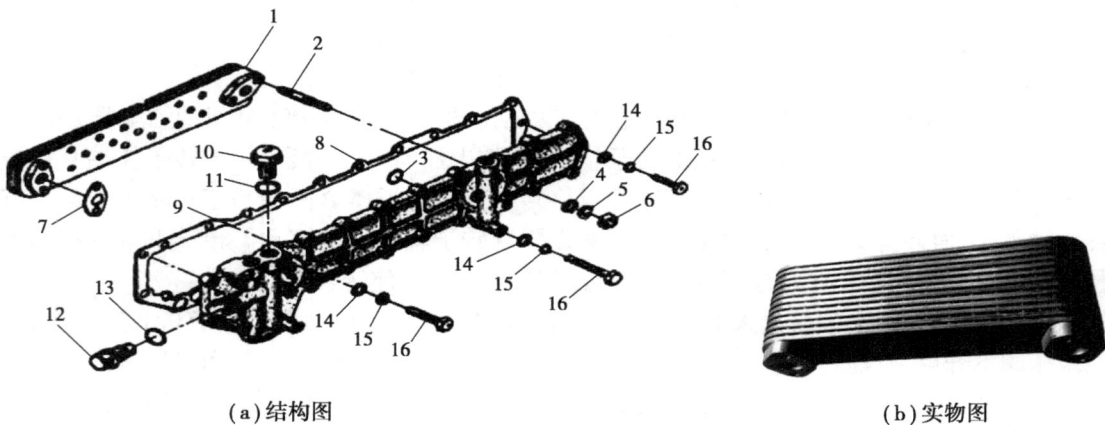

(a)结构图   (b)实物图

图 6.9 机油冷却器结构图与实物图

1—机油冷却器芯；2—双头螺栓；3—油道密封圈；4—小垫圈；5,15—弹簧垫圈；
6—六角螺母；7—垫片；8—机油冷却器盖板；10—油道螺塞；11,13—密封垫圈；
12—调压阀总成；14—平垫圈；16—六角头螺栓

四、润滑系统的检修

1. 齿轮式机油泵的检修

齿轮式机油泵检查内容如下：

①检查主动轴、从动轴和泵体定位销是否磨损和损坏。

②检查泵体、盖有无裂纹和损坏，泵体上的螺纹衬套是否损坏。

③测量泵盖和泵体上的衬套内孔，其尺寸超过范围时应更换。

④检查轴和主、从动齿轮有无损坏。如果齿轮齿根有穴蚀凹点、裂纹，齿轮齿面有凹坑、刮伤、断裂等，应更换齿轮和轴。

⑤检查主驱动齿轮有无裂纹和其他损伤。

2. 离心式细滤器的检修

离心式细滤器检修方法如下：在柴油机的机油压力高于 0.15 MPa 时，运转 10 s 以上，然后立即熄火。在熄火后 2~3 min 内，若在柴油机旁听不到细滤器转子转动的嗡嗡声，则说明细滤器不工作。若机油压力正常，细滤器的进油单向阀也未堵塞，则为细滤器故障，应拆检清洗细滤器。拧开压紧螺母，取下外罩，将转子转到喷嘴对准挡油板的缺口时，取出转子。清除污物，清洗转子并疏通喷嘴，经调整或换件后再组装。

3. 机油冷却器的检修

机油冷却器检修主要检查冷却器芯管路是否有破损、散热片间是否堵塞；机油冷却器盖板垫片是否损坏；调压阀、机油滤清器旁通阀是否能正常开启，检查弹簧和阀芯是否符合规定要求。

任务实施

根据所学，结合实训设备，查找相关资料，小组完成任务：正确说出实训室柴油机润滑系统各部件的名称、类型、功用，以及常见的故障及检修方法。

序　号	零件名称	类　型	主要功用	常见故障	检修方法
1					
2					
3					
4					
5					
6					

学习活动三　柴油机曲轴箱通风装置结构原理

学习过程

一、曲轴箱通风的目的

①防止润滑油变质,减小摩擦机件的磨损和腐蚀。柴油机工作时,有一部分可燃气体和废气经活塞环和气缸壁的间隙漏入曲轴箱内。燃油蒸气凝结后将稀释机油,废气中的酸性物质和水蒸气将侵蚀零件并使机油性能变坏(稀化、老化、结胶)。

②降压、降温、防漏。漏入曲轴箱内的气体使箱内压力和温度升高,造成机油从油封、衬垫等处泄漏和变质。通风对机油有一定的冷却、降压和防漏作用。

③减小对大气的污染,回收可燃气体。将漏窜到曲轴箱内的气体再吸入气缸内燃烧,不仅对气体中的碳氢化合物是一种回收,有利于提高柴油机的经济性,同时可以减少排气的污染。

二、曲轴箱通风装置的类型与工作原理

曲轴箱通风的方法有两种:一是利用机械行驶和风扇所造成的气流,使曲轴箱和出气管口处形成一定的真空,从而将气体抽出曲轴箱外,此即自然通风法;二是利用柴油机进气管道的真空作用,使曲轴箱内的气体被吸出而进入气缸,此即强制通风法。

如图6.10所示,在曲轴箱上安装一个下垂的出气管,管的出口处加工成与工程机械行驶方向相反的斜切口。工程机械行驶与冷却风扇的气流作用,使出气管口形成一定的真空,将漏入曲轴箱内的废气抽至机外,同时防止外界尘土进入曲轴箱内;通过带滤清器的进气口,可调节和保持通风程度。自然通风对大气有污染,低速时通风效果较差。

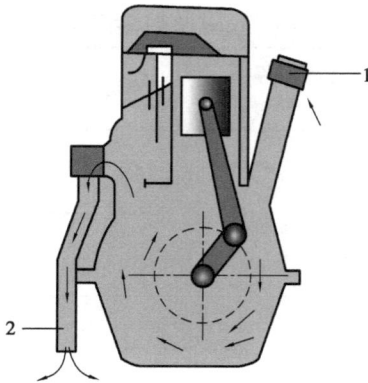

图6.10　曲轴箱自然通风装置
1—带滤清器的进气口;2—出气管

图6.11所示为强制通风原理示意图。增压式柴油机可采用此方法,利用带呼吸器的通气管将曲轴箱内的气体通到增压器的吸气端,有较好的通风效果。

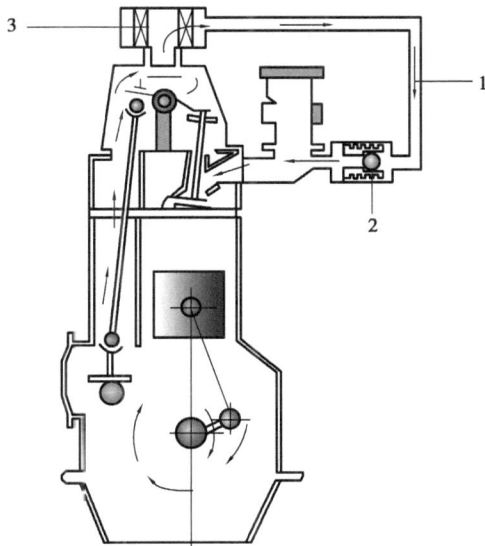

图 6.11 曲轴箱强制通风原理示意图
1—通气管;2—单向阀;3—空气滤清器

如果曲轴箱内压力过高,则曲轴箱通风装置必须进行检修,主要检查呼吸阀是否损坏或开启卡滞,出气管是否凹陷堵塞,进气软管是否老化黏结,以及进气口滤清器是否堵塞等。

任务实施

根据所学,查找相关资料,写出对应实训设备曲轴箱通风装置的类型及曲轴箱通风的原理与目的。

序 号	柴油机型号	曲轴箱通风装置类型	工作原理	曲轴箱通风目的

学习活动四　润滑系统常见故障诊断与排除

学习过程

柴油机润滑系统常见故障有机油压力过高、机油压力过低、机油消耗过多、机油变质等。

一、机油压力过高

柴油机在正常工作温度和转速下,机油压力表读数高于规定值。此时可判定为发生机油压力过高故障。

产生此故障的原因及处理方法如下:

①机油黏度过大。更换机油或重新选用机油。

②机油调压阀弹簧压力调整过大。重新调整弹簧压力。

③机油油道堵塞。清洗机油油道。

④曲轴主轴承、连杆轴承或凸轮轴轴承间隙过小。必要时光磨曲轴、凸轮轴或更换轴承。

⑤机油压力表或其传感器工作不良。检修或更换机油压力表及其传感器。

二、机油压力过低

柴油机在正常工作温度和转速下,机油压力表读数低于规定值或油压报警器报警。此时可判定为发生机油压力过低故障。

产生此故障的原因及处理方法如下:

①机油集滤器滤网堵塞。清洗机油集滤器。

②机油滤清器堵塞。清洗或更换机油滤清器。

③机油冷却器管路堵塞。清洗机油冷却器管路。

④油底壳内机油油面过低。按规定补充机油。

⑤机油黏度降低。更换机油。

⑥机油调压阀弹簧失效或调整不当。更换弹簧或重新调整。

⑦机油油管接头漏油或进入空气。检修机油管路,排出空气。

⑧机油泵性能不良。检修或更换机油泵。

⑨曲轴主轴承、连杆轴承或凸轮轴轴承等间隙过大。必要时光磨曲轴、凸轮轴或更换轴承。

⑩柴油机相关附件机油泄漏。检修相关附件。

⑪机油压力表或其传感器工作不良。检修或更换机油压力表及其传感器。

三、机油消耗过多

如果机油消耗量超过规定值,排气冒蓝烟,气缸内积炭增多,则可判定为机油消耗过多故障。此故障主要是机油泄漏和烧机油造成的,具体原因及处理方法如下:

①活塞、活塞环与气缸壁的间隙过大或活塞环与环槽的侧隙过大。检修或更换活塞、活塞环和气缸。

②大修后,活塞环中的扭曲环或锥形环装反。重新安装活塞环。

③气门与气门导管间隙过大或气门油封失效。检修或更换气门,更换气门导管或气门油封。

④柴油机附件密封表面漏油。检查柴油机各附件的可能漏油表面。

⑤曲轴箱通风不良。检修曲轴箱通风装置。

四、机油变质

机油颜色变黑,黏度下降或上升;添加剂性能丧失,含有水分;机油乳化,呈乳浊状并有泡沫。出现这些现象,则为机油变质。

机油变质可通过手捻、鼻嗅和眼观的人工经验法检验。若机油发黑、变稠,一般由机油氧化造成;若机油发白,则证明机油中有水;若机油变稀,则为柴油稀释引起的。为精确分析机油变质的原因,最好使用油质仪和滤纸斑点试验法进行机油品质检查。

出现此故障的原因及处理方法如下:

①活塞、活塞环与气缸壁的密封不良。检修活塞、活塞环和气缸。

②机油使用时间太长。更换机油。

③机油滤清器性能不良。更换机油滤清器。

④曲轴箱通风不良。检修曲轴箱的通风装置。

⑤柴油机缸体或缸垫漏水。检修柴油机缸体或更换柴油机缸垫。

任务实施

结合所学,查找相关资料,小组分析柴油机润滑系统常见故障产生的原因及排除方法。

序　号	柴油机润滑系统常见故障	产生原因	排除方法

学习效果测评

学习任务七

检修柴油机管理系统

◎ **相关应用场景讨论**

电控柴油机在使用过程中,由于管理系统的原因出现以下故障:

1. 仪表盘不上电;
2. 发动机无法起动或起动困难;
3. 踩油门踏板但转速不能提高。

作为维修人员,根据电路图,你该如何进行以上故障的检修?

◎ **知识目标**

1. 掌握柴油机管理系统的组成、工作原理;
2. 掌握柴油机管理系统各组成部分的类型及功用;
3. 掌握柴油机管理系统针脚图的识读方法;
4. 熟悉故障诊断软件的使用方法。

◎ **技能目标**

1. 能根据柴油机管理系统针脚图,正确使用万用表、专用测试导线等专用工具和故障诊断软件对管理系统的故障进行检测和排除。
2. 能够完成适当的职场文件,记录所实施检修的结果。

◎ **价值引领**

环保、可持续发展理念:电控柴油机管理系统在提高燃油效率、降低排放方面的显著优势体现了环保、可持续发展理念。

学习活动一　柴油机管理系统概述

学习过程

一、电控柴油机的常见控制特性

1. 燃油喷射控制

燃油喷射控制主要包括喷油量控制、喷油时刻控制、喷油速率控制和喷油压力控制。

电控柴油机喷油量控制功能是指在发动机起动、怠速及正常运转等各种工况下，电控系统根据发动机的转速信号、负荷信号和内存控制模式来确定基本喷油量，再根据冷却液温度、进气温度、起动开关信号、空调开关信号及反馈信号对喷油量进行修正。

喷油时刻控制是指电控系统根据发动机的凸轮轴位置信号、转速信号、负荷信号和 ECU 中内存的控制模式来确定基本喷油时刻，再根据反馈信号进行修正。

电控系统根据发动机运行的需要，可以设置并控制喷油速率。喷油速率分为预喷射、主喷射、后喷射等多段喷射。理想的喷油规律要求喷射初期缓慢、喷油速率不要太高，目的是减少在滞燃期内的可燃混合气量，降低初期燃烧速率，以降低最高燃烧温度和压力升高率，来抑制 NO_x 的生成和降低燃烧噪声；在主喷射阶段，采用高喷射压力和高喷油速率，可以加快燃烧速度，防止生成微粒和降低热效率，还可以加快可燃混合气的扩散燃烧速度；在喷油后期要求迅速结束喷射，防止在较低的喷油压力和喷油速率下燃油雾化变差，导致燃烧不完全而使 HC 和微粒物排放增加。

2. 进气控制

电控柴油机进气控制主要包括进气节流控制、可变进气涡流控制和可变配气正时控制。进气节流控制是 ECU 根据柴油机的转速和负荷信号控制进气管中的节气门开度，以满足不同工况下进气量的大小。可变进气涡流控制也是 ECU 根据柴油机转速和负荷信号，按 ECU 内部储存的程序对进气涡流强度进行控制，以满足柴油机在不同工况下对进气涡流强度的要求。可变配气正时控制也是 ECU 根据柴油机转速和负荷信号，按 ECU 内部储存的程序对配气正时进行控制，以满足柴油机在不同工况下对配气正时的要求。

3. 怠速控制

怠速控制主要包括怠速转速控制和怠速时各缸均匀性控制。

4. 增压控制

柴油机的增压控制主要是由 ECU 根据柴油机转速和负荷信号、增压压力信号等，通过控制废气旁通阀的开度或废气喷射器的喷射角度、增压器涡轮废气进口截面大小等，实现对废气涡轮增压器工作状况和增压压力的控制，借以改善柴油机的扭矩特性，提高加速性能，降低废气排放和噪声。

5. 排放控制

柴油机的排放控制是通过后处理系统一系列的传感器采集到的相关信号，如温度传感器、氮氧传感器、压差传感器、PM 传感器等，来控制其他执行部件工作，如尿素供给单元、喷射单元、催化转化器 DOC+SCR+ASC 等,以使柴油机排放满足标准。

6. 起动控制

起动控制主要包括供(喷)油量控制、供(喷)油正时控制和预热装置控制。

7. 巡航控制

巡航控制是 ECU 根据车速信号灯自动维持车辆以一定车速行驶。安装有巡航控制系统的电控柴油车,当使用巡航控制时,电控柴油机按选定的巡航控制模式运转,电控模块 ECU 根据车速信号等,使柴油车自动维持所设定的车速,保持稳定行驶。而当实施按下解除巡航控制开关,或踩下制动踏板等操作时,可使巡航控制自动解除。

8. 故障诊断和失效保护

柴油机管理系统具有故障诊断和失效保护功能。当柴油机管理系统出现故障时,电控系统能识别已出现的故障,使故障指示灯亮起,提醒驾驶员尽快停车检修。当电控柴油机出现故障时,失效保护功能会起作用,使柴油机电控系统强制切断燃油供给,以免发动机受到损坏。

9. 发动机保护

发动机保护功能是电控柴油机的标准特性。ECU 通过监测下列 4 个运行参数来决定是否启动发动机保护功能:①冷却液位;②冷却液温度;③机油压力;④进气温度。当 ECU 监测到上述一个或几个参数超出一定的范围时,会依次采取降低输出扭矩、降低发动机转速直至强行关闭发动机等措施,以保护发动机。

10. 排气制动

排气制动在电控发动机中由 ECU 来控制。打开排气制动开关后,ECU 根据一定的条件来决定是否启动排气制动。

11. 怠速停机

发动机长时间运行在低怠速状态会产生很多不利的影响。低怠速运行时,柴油燃烧不充分,容易在缸内形成积碳,未燃烧的柴油在缸内积聚,进入油底壳稀释机油。另外,低怠速运行时,因为燃烧不充分,尾气污染严重。ECU 的怠速关机功能在监测到发动机长时间运行在低怠速状态而没有任何驾驶员指令输入时,ECU 将启动怠速关机功能,首先通过仪表台上的黄色警告灯闪烁 30 s 来警告驾驶员,如果在此 30 s 内依然没有任何驾驶员指令输入,发动机将自动停机。

12. 安全回家

在油门发生故障、ECU 接收不到有效的油门控制信号时,如果没有新的油门可以更换,车辆将抛锚。安全回家功能在此时将保证车辆安全行驶到维修厂维修。在油门发生故障、ECU 没有油门信号时,若安全回家功能已经启用,此时 ECU 将根据油门踏板内的另外一个部件——怠速有效开关的状态来决定是否给油。此时驾驶员只要踩下油门踏板,ECU 就会给出一个固定的喷油量,以使发动机运行。

13. 低怠速的调整

发动机低怠速的调整范围一般是 600~800 r/min,低怠速可以通过故障诊断服务软件来调整,也可以通过仪表台上的开关来实时进行调整。

14. 保养提醒功能

保养提醒功能就像一个闹钟一样,会定时提醒驾驶员做车辆保养。在保养功能提醒设置中,驾驶员可以根据车辆的运行工况和用油情况设定保养间隔。在保养间隔前的一定时间内,ECU将通过仪表台上的保养指示灯提醒驾驶员及时做车辆保养。

15. 远程油门

远程油门是安装在驾驶室以外的驾驶员用于控制发动机的油门,远程油门在启用时优先于驾驶室内的油门。

二、柴油机管理系统的结构组成与工作原理

如图7.1所示,柴油机管理系统由输入、处理器和输出3部分组成。各部分通过线束、插头连接。

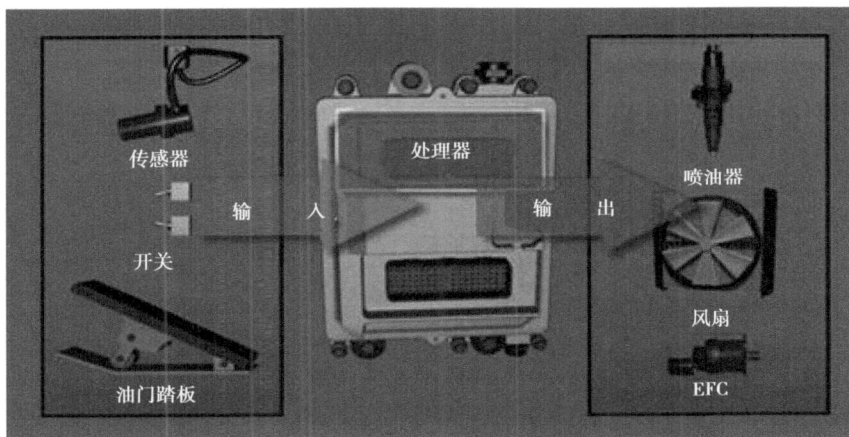

图7.1　电控柴油机控制系统结构组成

输入即各种输入装置,主要包括各类传感器、开关和油门踏板。其中,传感器是管理系统中的重要组成部分,它们可以把物理参量、电量、磁量和化学量等非电信号转换成ECU可识别的电信号。

处理器即控制器,也称为电子控制模块或者电子控制单元,习惯上简称ECM或者ECU,是整个发动机管理系统的核心。

输出即执行器,它们执行ECU通过处理器计算得出的各种控制指令,主要包括喷油器电磁阀、EFC阀(燃油泵执行器或流量计量单元)、继电器、风扇等。

三、管理系统电路图

电控柴油机的电路图也称为针脚图,所涉及的线束包括发动机线束和整机线束。发动机线束包括发动机传感器、喷油器、燃油泵执行器和电控风扇针脚,发动机出厂时已经安装好。整车线束包含整车功能和后处理系统针脚,整车厂根据整车功能需要进行线束的制作。整个电路图用虚线将发动机厂负责部分和整车厂(OEM)负责部分分开。图7.2所示为柴油机部分传感器针脚图。

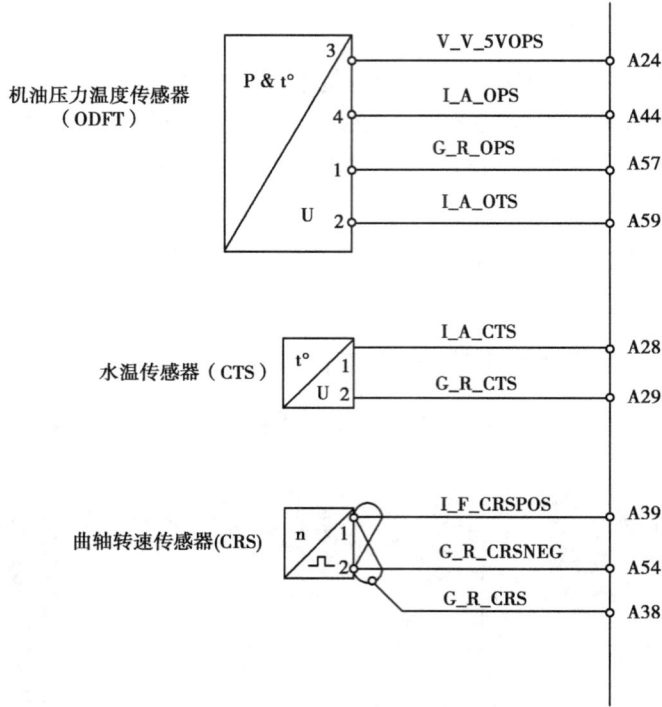

图 7.2　柴油机部分传感器针脚图

四、管理系统故障诊断检查内容

进行管理系统的故障排查时,通常要进行以下 5 个方面的基本检查。

1. 供电电源的检查

正确的电源供应是电子控制系统元件正常工作的必备前提。没有电源供应或者错误的电源供应都会导致系统不能工作或者工作不正常。在整个控制系统中,ECU 由蓄电池供电,其他大部分元件由 ECU 提供工作电源。输入设备一般由 ECU 提供 5 V 的工作电压,输出设备的工作电压也由 ECU 提供。常见的电源故障包括由于插头损坏等造成的电路虚接、保险丝熔断和错误的接线等,在检查时要特别注意。详细的检查方法将在本任务学习活动二中详细介绍,此处不赘述。

2. 导通性检查

导通性检查即根据电路图中提供的电路连接,检查实际电路的连接是否符合电路图的要求。检查方法是测量两点之间的电阻值,用于确认这两点之间是否导通。通常情况下,技术规范对导通性的要求是两点之间的电阻值必须小于 10 Ω。

在使用万用表测量电阻时,需要注意两点:①测量前需先断开系统电源,所测量的元件不能带电;②必须将所测量元件从原电路中断开,需要至少断开其中的一极,建议断开两边,将所测量元件完全从原电路中隔离开来后再进行测量。

3. 对地短路检查

发动机和汽车的电路连接一般采用负极搭铁的形式,即存在一个公共负极,所有需要回路负极的元件的负极都要接入这一公共负极。蓄电池的负极和这一公共负极相连,形成回路。对发动机而言,这一公共负极是缸体、缸盖;对整车而言,公共负极为大梁(骨架)。对地短路是指电路上的某点按电路设计要求不应该接地而实际电路已经接地的故障。对地短路故障的检查是测量可疑元件或者导线与缸体之间的电阻值,通常技术规范对开路(不短路)的要求是两点之间的电阻大于100 kΩ。

4. 线与线短路检查

与对地短路相似,线与线之间短路是指两点之间按照电路设计的要求不应该导通而实际导通的故障。和对地短路的技术规范一样,两点之间对开路的要求是电阻值大于 100 kΩ,否则视为短路。出现线与线短路故障时,必须维修导线或者更换线束。

5. 元件功能检查

由于电路元件的多样性,元件的功能检查需根据实际的元件采取不同的方法。如温度传感器可以采取测量传感器上两个针脚插头之间电阻的方法,而压力传感器需要专用的测试导线在其工作时测量其输出的信号电压值,对于电磁阀,可以通过性能测试与故障诊断软件(如潍柴的智多星、康明斯的 INSITE 软件)诊断。在无法对元件的功能作出正确判断时,一个常用的办法是更换一个确认功能正常的元件,观察系统的工作。

五、故障诊断软件

电控发动机管理系统能显示和记录一些运行故障,并将这些故障以故障代码的形式表示出来,这些故障代码会使故障分析变得容易。故障代码记录在 ECU 中,利用仪表板上的故障指示灯或故障诊断服务软件可以读取这些故障代码。下面介绍两种故障诊断服务软件。

1. 康明斯故障诊断软件 INSITE

康明斯故障诊断软件 INSITE 是一种用于康明斯电子控制模块(ECM)[①]的 Windows 软件应用程序,它能诊断并解决发动机故障,存储并分析发动机历史信息和修改发动机运行参数。INSITE 专业版还允许 ECM 下载标定。在 IBM 兼容的笔记本计算机上使用 INSITE,通过 INLINE 数据通信适配器与 ECM 连接。在注册以后,拷贝 INSITE 并连接 ECM 数据源之后,INSITE 允许获取关于发动机当前或记录的数据、更改 ECM 设置、存储数据以便以后查看、分析数据,以监测和评估发动机的运行状况。使用步骤如下:

①将计算机连接至 ECM(图 7.3);
②选择合适的数据通信接口适配器;
③将 INSITE 连接到 ECM 数据源。

图 7.3 INSITE 和 ECM 通信连线

---

① ECM 与 ECU 功能相同,但术语因品牌和地区而异,康明斯惯用 ECM。本书后文统一采用通用术语 ECU。

2. 潍柴智多星

潍柴智多星是由潍柴自主开发的新一代故障诊断工具,全面支持潍柴旗下的多款发动机,具有故障诊断、整车功能标定、数据刷写等功能。根据"软件安装→用户注册→软件登录"的步骤进入图7.4所示页面;进入软件首页,单击如图7.4所示的"系统配置"按钮,进入图7.5所示界面。在标1部分选择要使用的适配器类型,鼠标单击标3的"配置"按钮完成配置。二代智多星支持"Diagsmart USB"和"Diagsmart WIFI"两种连接方式。在标2部分选择"否",因为该功能为智多星开发人员支持时使用的。标4的"升级固件"为升级界面入口按钮,是升级智多星硬件的程序。单击图7.4所示的"柴油机控制器"按钮,进入柴油机控制器界面,即可根据设备情况进行选择。单击如图7.6所示的"设备连接"按钮,再单击下方的"连接适配器"按钮,显示"已连接"即可使用。

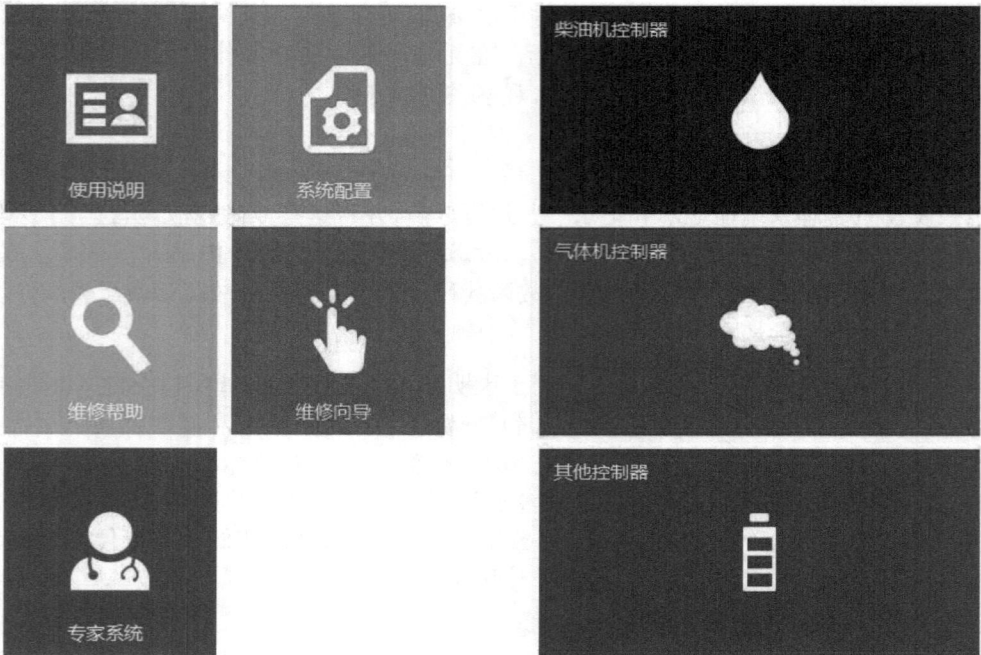

图7.4 潍柴智多星 V3.2.9 软件主界面

图7.5 系统配置界面

图 7.6 左侧所示的按钮即为智多星软件的基本操作功能,包括功能介绍、设备连接、系统信息、故障诊断、数据流等。可进行读取故障码、冻结帧故障码、清除故障码、查看故障源、数据流检测等操作。

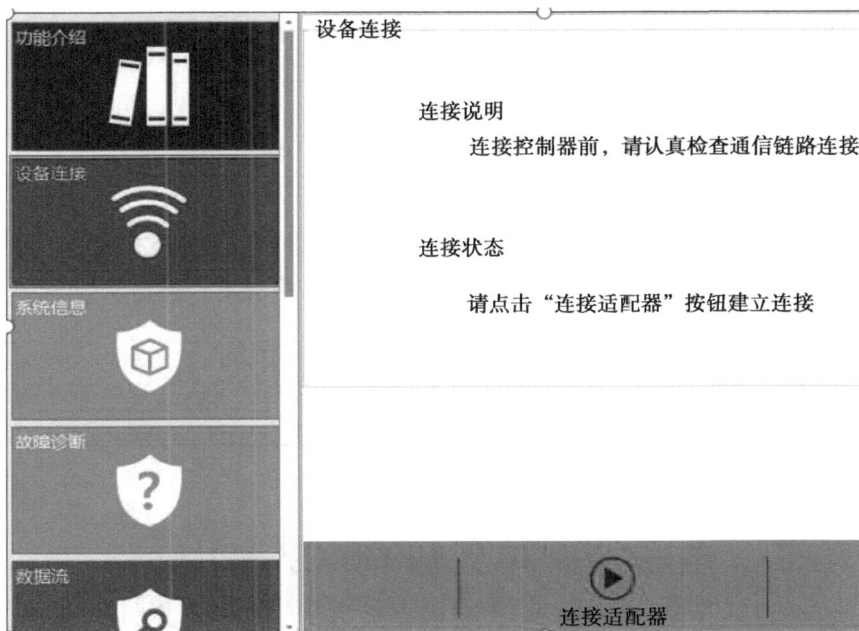

图 7.6　潍柴国四、国五(Bosch)界面

任务实施

任务一:结合所学,完成下表相关内容的填写。

管理系统	输入装置	
	控制单元	
	执行器	
简明概括管理系统的工作原理		

任务二:结合所学,小组讨论,整理电控柴油机故障诊断的思路。

第一步	
第二步	
第三步	
……	

学习活动二　电子控制单元(ECU/ECM)

学习过程

一、ECU 的功用

发动机控制模块,行业内一般称为 ECU 或 ECM,即发动机控制单元,是控制系统的核心部件。ECU 内部的存储系统和计算系统将采集到的各种数据进行对比,并对发动机当前的运行工况作出判断和计算,然后通过执行器输出喷油指令和其他各种控制指令。这些程序在ECU 没有物理损伤的前提下可以通过服务软件进行擦除重写。

二、ECU 的结构

ECU 的主要部分是单片机,是一块集成了微处理器(CPU)、存储器以及输入和输出接口的电路板,即 ECU 的基本体系结构包括输入处理电路、输出处理电路、微处理器、电源电路,如图 7.7 所示。

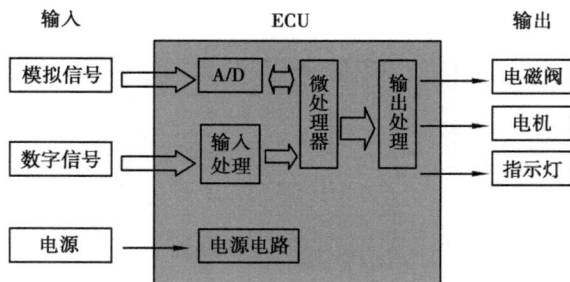

图 7.7　ECU 的基本组成

微处理器是单片机的核心部件,微处理器将输入的模拟信号转化为数字信号,并根据存储的参考数据进行对比处理,计算出输出值,输出信号经过功率放大后控制执行器,如发动机喷油器和各种继电器等。

ECU 是一台负责发动机控制、诊断和用户特性的电脑,是精密的电子元件,在对车辆系统进行维修时要注意保护。ECU 工作时需要冷却,某些机型在 ECU 后有冷却板,如图 7.8 所示。图 7.9 所示为潍柴国四 EDC7 ECU 外形图,该 ECU 有两个线束插槽,较大者为整车线束,有 94 个针脚,较小者为发动机线束,有 60 个针脚。图 7.10 所示为某柴油机 ECU 引脚代号。

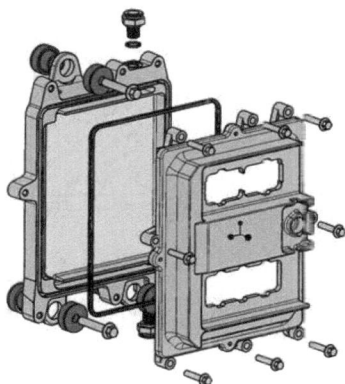

图 7.8　ECU 冷却板

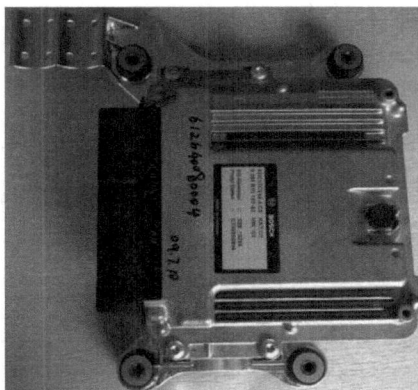

图 7.9　潍柴国四 EDC7 ECU 外形图

三、ECU 工作原理

(1)信号过滤和放大

输入电路接收传感器和其他装置的输入信号,并对信号进行过滤和放大。输入信号放大的目的是使信号增加到车辆电脑可以识别的程度,例如水温传感器,产生一个小于 5 V 的低电压信号,只能产生极小的电流,这样的信号送入电脑内的微处理器之前必须放大,这个放大作用由电脑输入芯片中的放大电路来完成。

(2)模数(A/D)转换

由于很多传感器产生的是模拟信号,而微处理器处理的是数字信号,所以必须把模拟信号转换为数字信号,这项工作由电脑输入芯片中的模数转换器完成。模数转换器以固定的时间间隔不断对传感器的模拟输入信号进行扫描,并对模拟输入信号赋予固定的数值,然后将这个固定值转换成二进制码。在一些工程机械电脑中,输入处理芯片和微处理器制成一体。

(3)输出电路

微处理器将已经预处理过的信号进行运算,并将处理后的数据送至输出电路。输出电路将数字信号放大,有些还要还原为模拟信号,以驱动发动机执行器工作。

四、ECU 供电电路

ECU 本身是需要外部供电的,如果 ECU 的供电电路有问题,可能导致整个系统不能工作。为了保护 ECU,要求:①总电源线上安装 30 A 保险;②ECU 电源正极要直接连接电瓶正极;③ECU 负极直接连接电瓶负极。

（a）ECU外形图

（b）36针ECU发动机接头"A"
（从配合表面看）

（c）89针ECU发动机接头"B"
（从配合表面看）

（d）16针ECU发动机接头"C"
（从配合表面看）

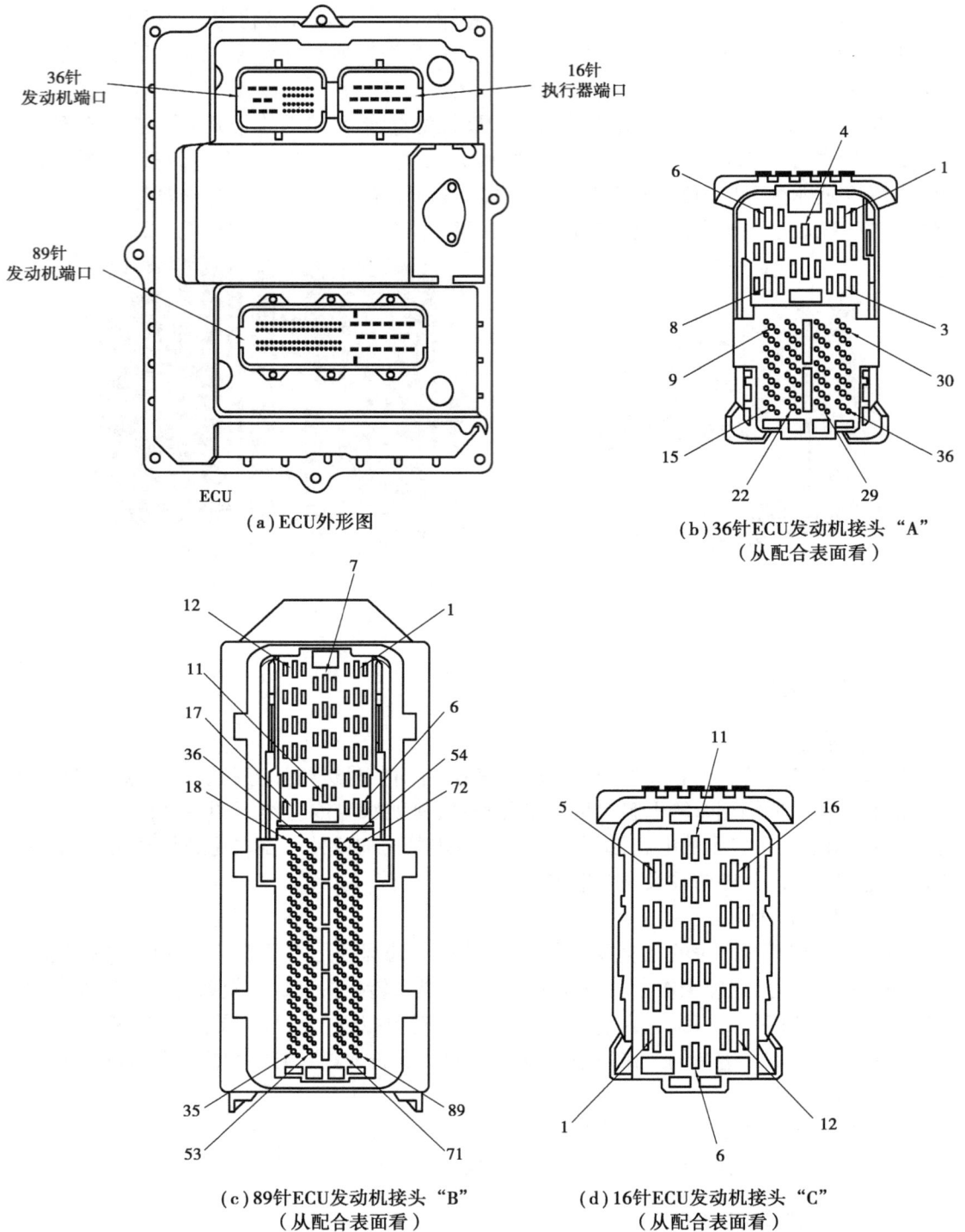

图7.10　某柴油机ECU引脚代号

　　ECU需要蓄电池向其供电。大部分电控柴油机ECU的供电电路包括无开关电源、开关电源、搭铁电路三部分。图7.11所示为康明斯某发动机ECU的供电电路。

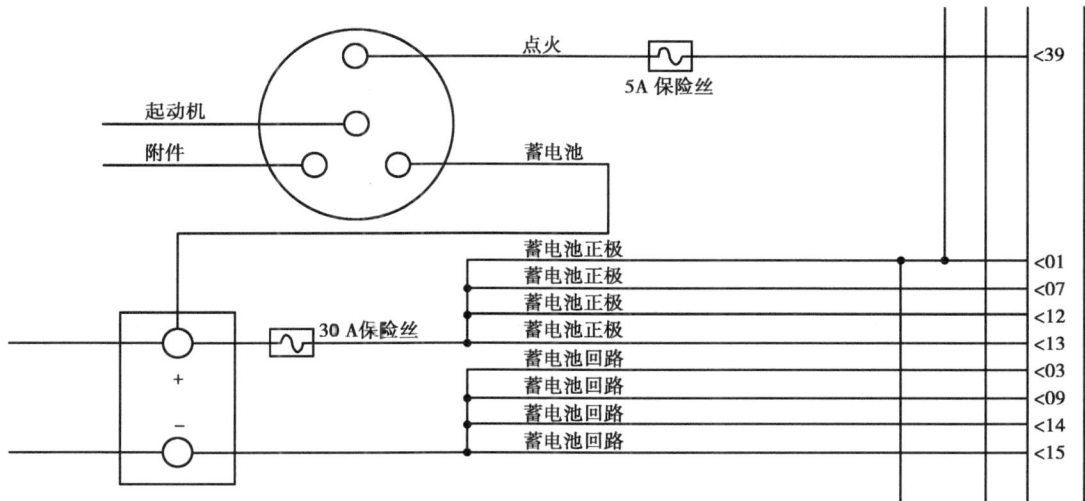

图 7.11　康明斯某发动机 ECU 的供电电路

（1）常电源（无开关电源）

无开关电源通过电瓶直接向 ECU 供电，除了保险丝，不允许再接其他元件。无开关电源通常由三组（火线和地线）以上的线路构成，这是因为 ECU 的工作电流较大，通过一缕导线不能提供足够的工作电流。通常 ECU 的无开关电源通过一个专用的插头导入。如图 7.11 所示，蓄电池电源经过 30 A 保险送至 ECU 的 01,07,12,13 四个端子，即为 ECU 的常电源，常电源确保控制系统 ECU 在钥匙开关断开时也能正常工作。

（2）开关电源

开关电源是通过钥匙开关后接入 ECU 的一根火线，接入 ECU 前通常还有一个保险丝。在钥匙开关处在 OFF 位置时，此火线处在断开位置。ECU 通过此处的电压信号判断开始或结束工作，通常这里的信号也是发动机的熄火信号。如图 7.11 所示，蓄电池电源通过钥匙开关经过一个 5 A 保险连接至 ECU 的 39 端子，为开关电源，此电路由钥匙开关控制。

（3）搭铁电路

搭铁电路是常电源与开关电源的共同回路。图 7.11 中所示 ECU 的 03,09,14,15 四个端子直接回蓄电池负极。

五、钥匙开关与起动电路

（1）钥匙开关

钥匙开关是重型机械上的一个标准元件，用于控制整车的运行。钥匙开关的背面有 4 个接线柱，如图 7.11 所示，分别为电瓶、附件、起动机和点火。钥匙开关的正面，即驾驶员的操作，也有 4 个位置，分别为 ACC,OFF,ON 和 ST，所以钥匙开关也俗称四位置开关。

钥匙开关通过背面的电瓶接线柱接收来自电瓶的火线，然后通过钥匙的不同位置，向不同的元件提供电源。由于系统采用负极搭铁，钥匙开关上没有地线，只有火线。表 7.1 列出了钥匙开关处在 4 个不同位置时，其背面 4 个极柱的供电状态（假设系统使用 24 V 电压）。

表 7.1　4 个钥匙开关极柱的供电状态（在不同位置）

钥匙位置	极　柱			
	电瓶极柱	附件极柱	点火极柱	起动极柱
ACC	24 V	24 V	0 V	0 V
OFF	24 V	0 V	0 V	0 V
ON	24 V	24 V	24 V	0 V
ST	24 V	0 V	24 V	24 V

（2）起动电路

起动电路用于控制发动机的起动和熄火,是发动机控制系统的基本部分。绝大部分重型机械用发动机的起动电路基本都是一样的。参与起动控制的基本元件都包括钥匙开关和一个起动继电器,钥匙开关控制起动继电器,起动继电器控制起动马达。起动电路基本控制原理如图 7.12 所示。需要注意的是,ECU 并不参与起动控制,整个起动电路是独立的。

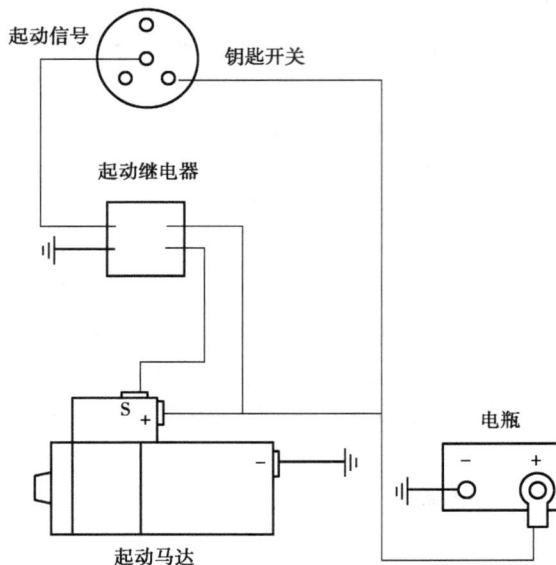

图 7.12　起动电路的基本控制原理

六、ECU 电路的检修及注意事项

1. ECU 电路的检修

根据针脚图对 ECU 常电源、开关电源及搭铁电路进行检修。

2. 检修注意事项

在用万用表检测 ECU 时应注意:

①在检测之前,应先检查电控系统及其他电器设备各熔断器、熔断丝和有关线束连接器是否良好。

②在点火开关处于"ON"位置时,蓄电池电压应不低于 24 V,蓄电池电压过低会影响测量

结果。

③必须使用高阻抗的万用表或汽车(工程机械)专用万用表进行检测。

④必须在 ECU 线束连接器处于连接状态下,使用专用测试导线将万用表的测试笔从线束侧插入测量 ECU 端子电压,如图 7.13 所示。

⑤若要拆开 ECU 线束连接器测量各控制线路,则应先拆开蓄电池负极搭铁线。若在蓄电池连接完好的状态下拆开 ECU 线束连接器,可能损坏 ECU。

⑥在需要对底盘和发动机进行焊接作业时,一定要将 ECU 从发动机上拆下来,否则将损伤 ECU,导致 ECU 失效。

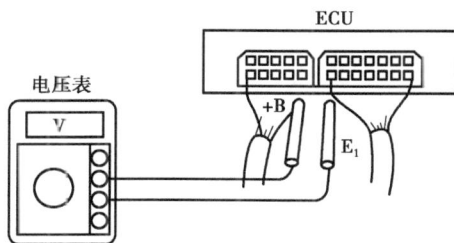

图 7.13　测量 ECU 端子电压

任务实施

图 7.14 所示为某匡六柴油机 ECU 供电电路,小组协作,识读并完成表格的填写。

项　目	ECU 端子	数　量	保　险
常电源(无开关电源)			
开关电源			
搭铁电路			
点火开关	T15:		
	T50:		
起动马达			

思考:T15 和 T50 分别是什么开关?

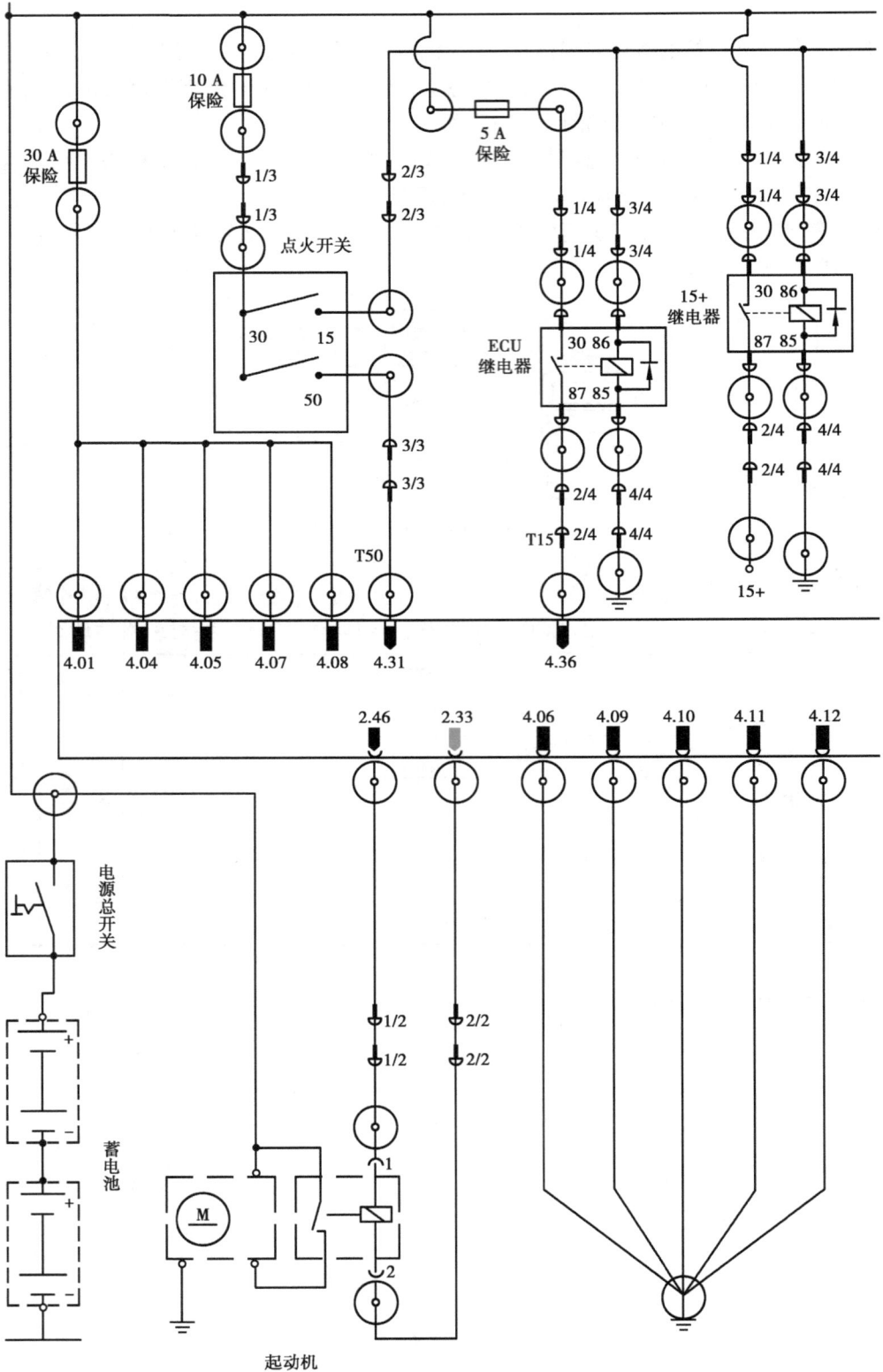

图 7.14　某国六柴油机 ECU 供电电路

学习活动三　输入装置

学习过程

输入设备向 ECU 输入各种参数,ECU 通过这些参数来判断发动机当前的运行工况、驾驶员的操作指令和其他信号。只有基于输入设备提供的正确参数,ECU 才能作出正确判断,控制发动机运行。

输入设备按照功能不同,可以分为 3 类:传感器、开关和油门踏板。输入设备由 ECU 提供工作电源,大部分输入设备的工作电压都为 5 V。

一、传感器

传感器的主要功能是检测柴油机的运行参数或状态,将非电量的有关参数或状态转换成电信号,然后将电信号传给 ECU。电控柴油机常用传感器包括温度类传感器、压力类传感器、组合类传感器和位置类传感器四大类。

1.温度类传感器

电控柴油机用温度类传感器主要包括冷却液温度传感器、燃油温度传感器、进气温度传感器及机油温度传感器。为了减少零件数目和使发动机线束更简单,通常情况下,进气温度传感器和增压压力传感器集成到一起形成测量进气温度和压力的组合传感器,机油温度传感器和机油压力传感器集成到一起形成测量机油温度和压力的组合传感器,后面有详细介绍,在此不赘述。

温度类传感器几乎都采用了负温度系数(NTC)热敏电阻式,其工作原理完全相同。随着温度的升高,热敏电阻的阻值降低,从而使信号电压降低。发动机上使用的温度传感器一般为二线式热敏温度传感器,如图 7.15 所示。随着温度升高,热敏电阻的阻值降低,正常情况下阻值在 500~40 kΩ 之间变化。

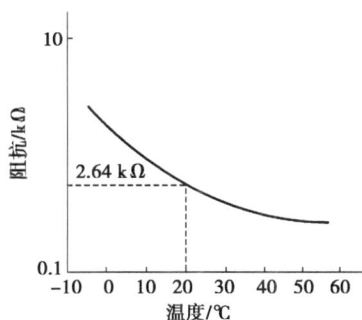

图 7.15　冷却液温度传感器特性

1)冷却液温度传感器

(1)作用

冷却液温度传感器把当前冷却液温度信号传给 ECU,ECU 根据冷却液温度传感器信号控制风扇运转、调整起动供油量、控制供油正时和发动机保护。

（2）结构组成

冷却液温度传感器采用负温度系数热敏元件制成，其结构如图7.16所示。

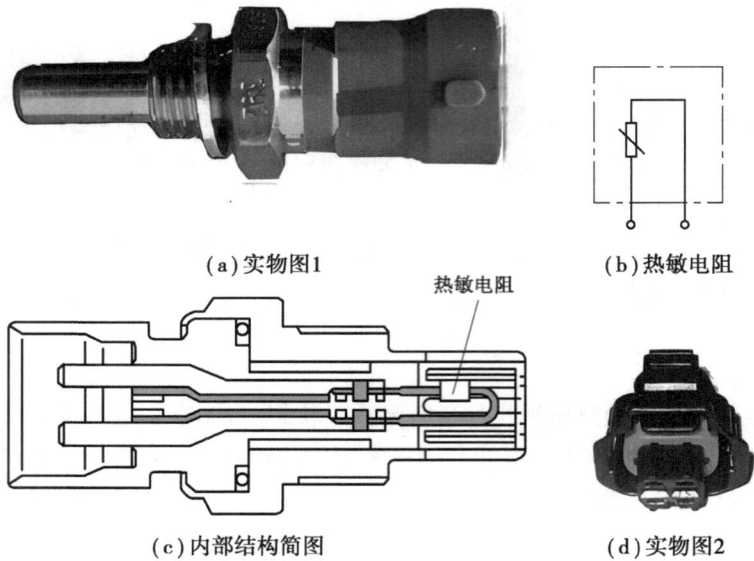

(a) 实物图1   (b) 热敏电阻

(c) 内部结构简图   (d) 实物图2

图7.16 某发动机冷却液温度传感器的结构型式

（3）安装位置

冷却液温度传感器一般位于节温器壳体的前部，如图7.17所示。

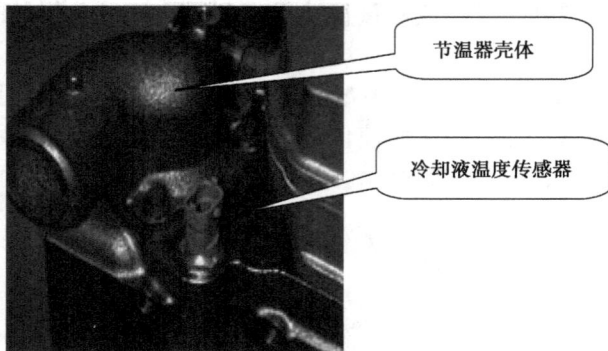

图7.17 某发动机冷却液温度传感器安装位置

（4）特性

在室温条件下，其电阻值为数千欧姆。随着温度的上升，应呈现阻值减小的负温度系数热敏电阻特性，如图7.15所示。

（5）检修冷却液温度传感器

①信号失效模式分析

冷却液温度传感器失效，ECU检测不到冷却液温度信号，会输出相关故障码，故障灯亮，并且ECU进入减扭矩控制模式，使发动机出现冷车起动困难、功率不足、冒黑烟、高寒工况下难起动等现象。如果发动机冷却液温度过高，ECU启动停机保护功能，发动机故障指示灯亮，动力下降，30 s后就会自动熄火停机。

②故障诊断及排除步骤

图 7.18 所示为康明斯某发动机冷却液温度传感器与 ECU 连接电路,以该冷却液温度传感器为例说明其故障诊断与排除的方法、步骤。

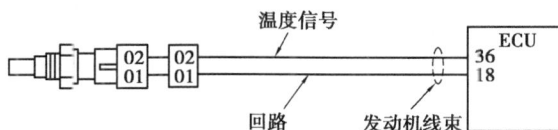

图 7.18　康明斯某发动机冷却液温度传感器与 ECU 连接电路

a. 查看数据流

用"INSITE 故障诊断软件"读取发动机系统数据流,涉及水温的数据流有两个:水温传感器输出的电压值、发动机冷却水温值。起动发动机,连接 INSITE 故障诊断软件,读取发动机系统数据流,此时踩下油门,使发动机温度上升,观察"发动机冷却水温"数值应逐渐增加,"水温传感器输出的电压值"数值应逐渐减少,如无变化,应进一步检查线束连接情况和传感器。

b. 检查线路

根据电路图 7.18 检测线路的通断。将钥匙开关置于 OFF 位置,拔下水温传感器插头,使用专用测试导线,用万用表的电阻挡分别测量 02#端子与 36#端子,01#端子与 18#端子之间的电阻值,判断外线路是否存在断路故障。分别测量 02#端子与 18#端子,01#端子与 36#端子之间的电阻值,判断外线路是否存在短路故障。

c. 检查传感器

测量传感器电阻值:方法是拔下水温传感器插头,将钥匙开关置于 OFF 位置,用万用表的电阻挡分别测量 01#端子与 02#端子之间的电阻值,根据表 7.2 的技术规范,测量传感器两端子之间的电阻值,看其是否符合规定值,若不符合,则应更换传感器。

表 7.2　冷却液温度传感器检测技术规范

温度/℃	温度/°F	电阻/Ω
0	32	5 000 ~ 7 000
25	77	1 700 ~ 2 500
50	122	700 ~ 1 000
75	167	300 ~ 450
100	212	150 ~ 220

图 7.19 为国产柴油机潍柴 WP7 冷却液温度传感器的针脚图。

图 7.19　WP7 冷却液温度传感器与 ECU 连接电路

潍柴 WP7 冷却液温度传感器的检修方法和康明斯冷却液温度传感器的检修方法类似,

不同之处在于故障诊断软件以及技术规范不同,在此不作赘述。表7.3所示为WP7冷却液温度传感器检测技术规范。

表7.3　WP7冷却液温度传感器检测技术规范

温度/℃	电阻/kΩ	最大电阻/kΩ	最小电阻/kΩ
-40	15.462	16.827	14.096
0	5.896	6.326	5.466
20	2.500	2.649	2.351
40	1.175	1.231	1.118

2)燃油温度传感器

(1)作用

燃油温度传感器用于检测燃油温度,并将信号送入ECU。ECU利用燃油温度信号计算喷油时刻和喷油量。ECU使用燃油温度传感器来监测发动机燃油的温度。如果燃油温度过高或者过低,会引起功率降低,则会启用发动机保护并可能导致停机。

(2)结构组成

燃油温度传感器采用的热敏电阻是低温热敏元件,要求在室温条件下的电阻值为数百欧姆到数千欧姆,如图7.20所示。

图7.20　燃油温度传感器的外形

(3)安装位置

燃油温度传感器安装在柴油滤清器座上,如图7.21所示。

图7.21　燃油温度传感器安装位置

(4)检修燃油温度传感器

燃油温度传感器用于检测燃油温度,并将信号送入ECU。ECU利用燃油温度信号计算喷油时刻和喷油量。ECU 使用燃油温度传感器来监测发动机燃油的温度。当燃油温度传感器失效时,ECU 检测不到燃油温度信号,会输出相关故障码,故障灯亮。其故障结果会使燃油加热器不能正常工作。

图 7.22 所示为康明斯某发动机燃油温度传感器与 ECU 连接电路。该传感器的故障诊断与排除方法、步骤同冷却液温度传感器。

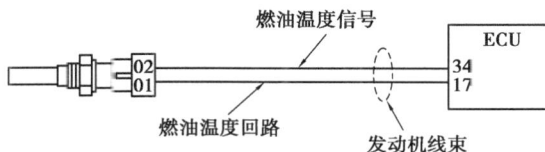

图 7.22 康明斯某发动机燃油温度传感器与 ECU 连接电路

2. 压力类传感器

电控柴油机用压力类传感器主要包括共轨压力传感器、大气压力传感器、增压压力传感器和机油压力传感器等。其中,增压压力传感器、机油压力传感器分别与对应的温度传感器组合成测量进气压力和温度的组合传感器、测量机油压力和温度的组合传感器。

一般情况下,压力传感器有两种:一种是电容式压力传感器;另一种是压电晶体式传感器。两种传感器均为三线式,两根电源线向传感器提供 5 V 的工作电压,一根信号线向 ECU 提供压力信号电压。

电容式压力传感器通过内部的一个电容来感应压力的变化,当压力变化时,压力差使电容的 2 个极板之间的距离发生变化,从而输出一个信号电压。压电晶体式传感器通过内部的一个压电晶体来感应压力的变化,当压力变化时,作用在压电晶体上的压力差使压电晶体输出一个信号电压。

大部分压力传感器无法通过测量电阻的方式来判断其好坏,而是要在压力传感器工作时通过输出的信号电压来判断。在检测压力传感器时需要专用的检测导线,保证传感器正常工作的同时将三条线引出供检测,不同类型的压力传感器需要不同类型的检测导线,如图 7.23 所示。不同类型的压力传感器,其插头不同,所选用的专用测试导线也不同,但其测试方法是一样的。

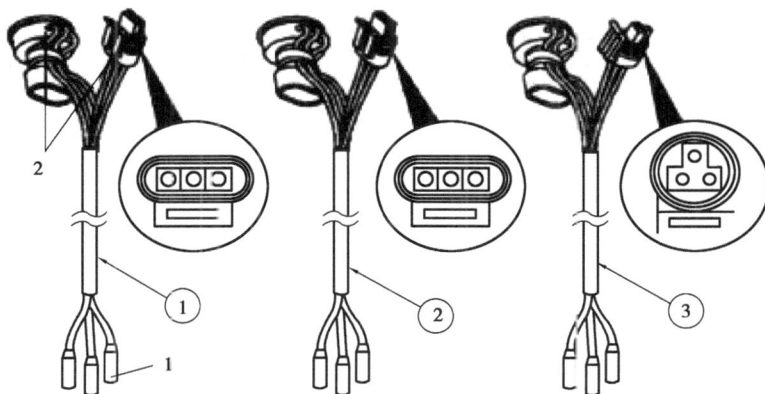

图 7.23 不同类型的压力传感器测试插头

1—测试导线测试端;2—测试导线插头端

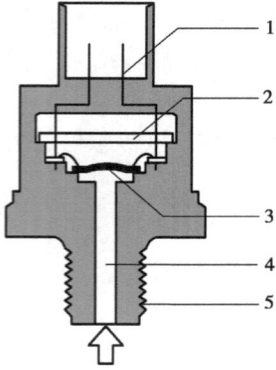

图 7.24　共轨压力传感器示意图
1—电气接头;2—电路;3—带传感器
元件的膜片;4—高压接头;5—紧固螺纹

1)共轨压力传感器

(1)作用

共轨压力传感器的作用是 ECU 利用该传感器信号确定油轨中的燃油压力,同时利用它来计算燃油供给量。

(2)结构原理

共轨压力传感器由压力敏感元件、电路板和带电气插头的外壳等组成,如图 7.24 所示。燃油经过一个小孔流向共轨压力传感器,传感器的膜片将孔的末端封住。高压燃油经压力室的小孔流向膜片。膜片上安装有半导体敏感元件,可将压力转换成电信号。通过导线将产生的电信号传送到一个向 ECU 提供测量信号的电路。

(3)安装位置

共轨压力传感器安装在共轨管上,如图 7.25 所示。

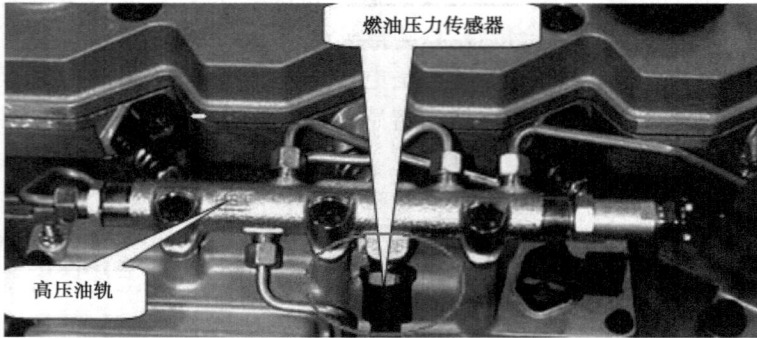

图 7.25　共轨压力传感器安装位置

(4)特性

共轨压力传感器的输出电压随共轨压力的升高而升高,如图 7.26 所示。

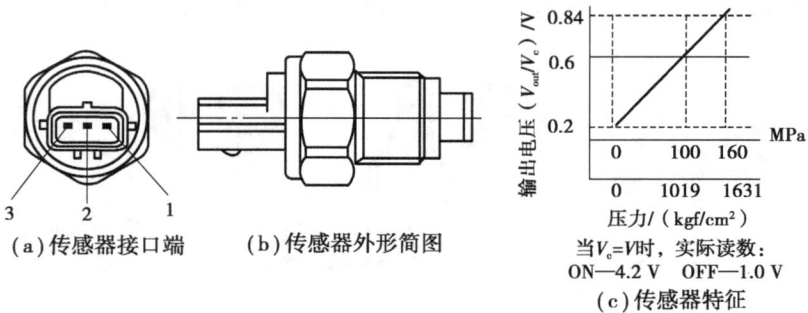

(a)传感器接口端　(b)传感器外形简图　(c)传感器特征

图 7.26　共轨压力传感器特性
1—电源;2—信号;3—接地

(5)检修共轨压力传感器

①信号失效模式分析

当共轨压力传感器失效时,ECU 无法监测油轨中的油压,故障灯亮。其故障结果会使发动机排气管冒黑烟、发动机动力下降、转速降低甚至停车。

②故障诊断及排除步骤

图 7.27 所示为康明斯某发动机共轨压力传感器与 ECU 连接电路,以该传感器为例说明压力传感器故障诊断与排除的方法、步骤。

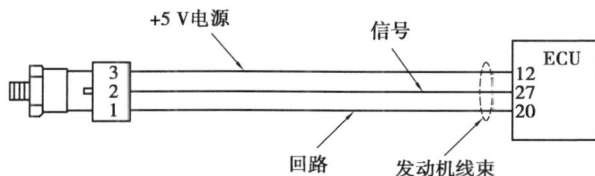

图 7.27　康明斯某发动机共轨压力传感器与 ECU 连接电路

a. 查看数据流

用"INSITE 故障诊断软件"读取发动机系统数据流,涉及共轨压力的数据流共有 4 个:燃油系统共轨压力、共轨压力设定值、实际共轨压力最大值、共轨压力传感器输出电压。

当发动机水温达到 80 ℃、急速运转时,共轨压力传感器输出电压应为 1 V 左右,燃油系统共轨压力及共轨压力设定值均为 25 MPa 左右,共轨压力设定值与燃油系统共轨压力数值十分接近。当逐渐踩加速踏板、提高发动机转速时,上述 4 个数据流逐渐增加,燃油系统共轨压力、共轨压力设定值、实际共轨压力最大值等最大数值为 180 MPa,共轨压力传感器输出电压的最大值为 4.5 V。若无变化,应进一步检查线束连接情况和传感器。

b. 检查线路

根据电路图 7.27 检测线路的通断。将钥匙开关置于 OFF 位置,用万用表的电阻挡和专用检测导线分别测量 1#端子与 20#端子,2#端子与 27#端子,3#端子与 12#端子之间的电阻值,来判断外线路是否存在断路故障;分别测量 1#端子与 27#端子、12#端子之间的电阻值,2#端子与 20#端子、12#端子之间的电阻值,3#端子与 20#端子、27#端子之间的阻值,来判断外线路是否存在短路故障。

c. 传感器电压值测量

拔下共轨压力传感器插头,将钥匙开关置于 ON 位置,用专用检测导线测量传感器侧插头 3#导线与 1#导线间的电压应为 5 V;3#导线与 2#导线间的电压是 0,否则是短路;2#导线与 1#导线之间的电压与不同燃油压力有关,表 7.4 列出了燃油油轨压力传感器在不同燃油压力下的输出信号电压参数值。

表 7.4　共轨压力传感器检测技术规范

压力/MPa	压力/psi	电压/VDC
0	0	0.5
40	5 800	1.39
70	10 153	2.06
100	14 504	2.72
140	20 305	3.61

检修需注意:为了避免触针和线束损坏,进行测量时,应使用专用测试导线,在保证传感器正常工作的同时将 3 条线引出供检测。

图 7.28 所示为国产柴油机潍柴 WP7 共轨压力传感器的针脚图。

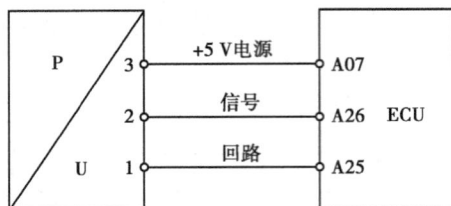

P | 3 +5 V电源 A07
2 信号 A26 ECU
U | 1 回路 A25

图 7.28　WP7 共轨压力传感器与 ECU 连接电路

潍柴 WP7 共轨压力传感器的检修方法和康明斯共轨压力传感器的检修方法类似,不同之处在于故障诊断软件以及技术规范不同。传感器输出电压为 0.5 V,当共轨压力达到最大共轨压力时,传感器输出电压为 4.5 V。

2)大气压力传感器

大气压力传感器一般安装在发动机的 ECU 中。其作用是:ECU 利用该传感器信号确定当前的大气压力,用以进行空燃比控制以及海拔高度功率修正。由于它安装在 ECU 之中,无法对其进行检测维修,出现故障时必须由发动机公司的专业服务人员处理。

3.组合类传感器

温度传感器有时会和压力传感器集成到一起形成一个复合传感器,也称为组合类传感器。此时温度、压力传感器的工作原理和检查方式均没有变化。组合传感器的优点在于可以减少系统的零件数量,使发动机线束更简单。组合类传感器一般为四线式,两根电源线向传感器提供 5 V 的工作电压,剩下两根信号线向 ECU 提供压力、温度信号电压。

常见的组合类传感器有测量进气温度和压力的进气温度/压力传感器、测量机油温度和压力的机油温度/压力传感器两类。

1)进气温度/压力传感器

(1)作用

进气温度/压力传感器的作用是测量进气温度和压力。增压柴油机中,不同温度下的增压空气密度不同,发动机需要利用安装在进气歧管内的温度/压力组合式传感器产生的信号来修正增压压力和喷油量,实现发动机空气燃料混合比控制。同时 ECU 还根据传感器输入的信号防止在冷机起动时发动机冒白烟,还将测定的温度参数用于发动机保护和风扇离合器控制。当驾驶员踏下油门踏板要求增加喷油量时,ECU 将检查涡轮增压压力所要求的喷油量是否相适应,如果不适应,ECU 将按照涡轮增压压力成一定比例地控制喷油量,以免喷油量过大导致不完全燃烧,防止废气排放超标。

(2)结构组成

进气温度/压力传感器由进气温度传感器和增压压力传感器组合而成。

进气温度传感器采用的热敏电阻是负温度系数的低温热敏元件,其输出特性与其他温度传感器类似,即阻值随温度的升高而降低。半导体压敏电阻式增压压力传感器由硅膜片、真空室、硅杯、底座、真空管接头和引线组成(图 7.29)。硅膜片用单晶硅制成,它是压力转换元件。

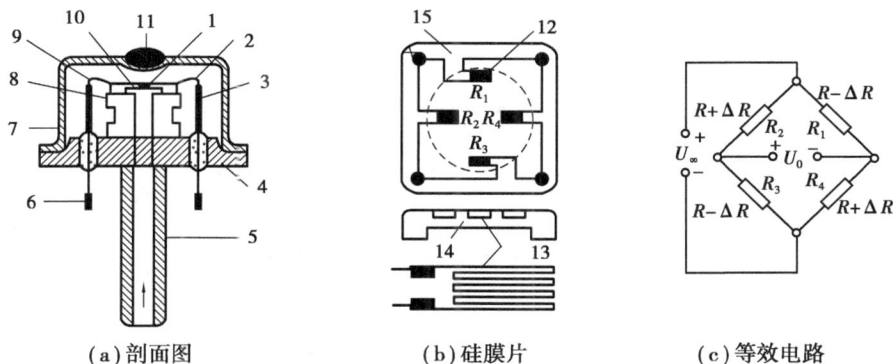

（a）剖面图　　　　　　　　（b）硅膜片　　　　　　（c）等效电路

图 7.29　半导体压敏电阻式增压压力传感器的结构

1,12,13—应变电阻;2—金线电极;3—电极引线;4—底座;5—真空管;6—引线端子;7—壳体;8—硅杯;
9—真空室;10,14,15—硅膜片;11—锡焊封口

　　半导体压敏电阻式增压压力传感器的工作原理如图 7.30 所示。硅膜片的两面,一面通真空室,另一面通进气歧管。当发动机运转时,进气流作用在硅膜片上,使硅膜片产生应力,应变电阻的阻值会发生变化,电桥输出电压也随之变化。当节气门开度变大时,进气压力升高,膜片的应力也增大,应变电阻的阻值变化率也增大,电桥输出电压升高,经放大电路放大后,传感器输入 ECU 的信号电压也升高。而当节气门开度变小时,由于气流流速升高,进气压力反而降低,膜片的应变力减小,应变电阻的变化率减小,电桥输出电压降低,经放大后,传感器输入 ECU 的信号电压也降低。

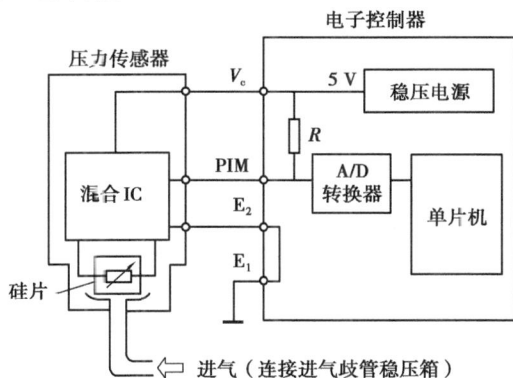

图 7.30　半导体压敏电阻式增压压力传感器的工作原理

　　（3）特性

　　进气温度传感器的阻值随着温度的升高而降低;半导体压敏电阻式增压压力传感器的主要部件是硅膜片和应变电阻,其工作参数由作用在硅膜片上的进气压力决定,压力升高则输出电压增大,反之则减小。

　　（4）安装位置及特性

　　进气温度/压力传感器一般安装在发动机废气涡轮增压器后的进气歧管内,如图 7.31所示。

图 7.31　某发动机进气歧管温度/压力传感器安装位置

（5）检修进气温度/压力传感器

①信号失效模式分析

a. 进气温度传感器失效：当进气温度传感器失效时，ECU 检测不到进气温度信号，会输出相关故障码，故障灯亮。其故障结果会使发动机输出功率下降。

b. 进气压力传感器失效：传感器出现故障后，故障灯亮，将引起动力下降、转速降低、发动机起动困难，若开启了发动机保护功能，则会导致发动机停车。

②故障诊断及排除步骤

图 7.32 所示为康明斯某发动机进气温度/压力传感器与 ECU 连接电路，图 7.33 所示为国产柴油机潍柴 WP7 进气温度/压力传感器与 ECU 连接电路。该传感器的检修方法与前述的温度类、压力类传感器一致。检修过程中涉及的参数请参考维修手册。

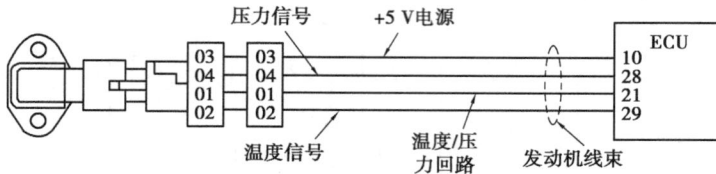

图 7.32　康明斯某发动机进气温度/压力传感器与 ECU 连接电路

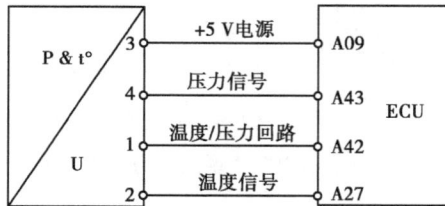

图 7.33　潍柴 WP7 进气温度/压力传感器与 ECU 连接电路

2）机油温度/压力传感器

（1）作用

机油温度/压力传感器的作用是测量发动机的机油温度和压力，并将信号送入 ECU。ECU 利用机油温度信号控制机油加热器工作或者使发动机保护特性起作用。当机油压力低于预定值时，ECU 将降低发动机转速和功率，以保护发动机。当机油压力下降到一定值时，ECU 将使仪表板上的红色报警灯闪亮，以提醒驾驶员立即停车检修。如果 ECU 设有停机保护功能，当机油压力低于极限值 30 s 后会使发动机自动停机。有些车辆安装有手动延时按钮,当按下该按钮后,发动机运转时间将再延长 30 s,以便驾驶员将车开到安全地点。

（2）结构组成

机油温度/压力传感器由机油温度传感器和机油压力传感器组合而成。机油温度传感器采用的热敏电阻是负温度系数的低温热敏元件,其输出特性与其他温度传感器类似,即阻值随温度的升高而降低。

机油压力传感器的内部有一个可变电阻,一端输出信号,另一端搭铁。当油压增高时,压力油通过润滑油道接口推动膜片弯曲,膜片推动滑动臂移动到低电阻位置,输出电流增大;当油压降低时,输出电流减小。机油压力传感器的工作原理如图 7.34 所示。

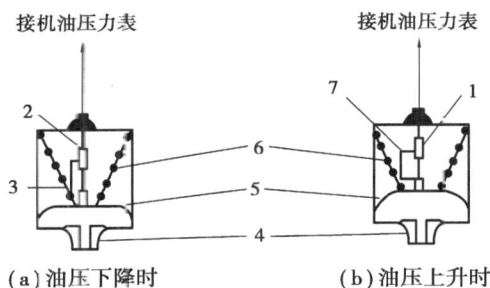

（a）油压下降时　　　　（b）油压上升时

图 7.34　机油压力传感器的工作原理

1,2—可变电阻;3,7—滑动触臂;4—润滑油道接口;5—膜片;6—弹簧

（3）安装位置

不同的发动机,机油温度/压力传感器的安装位置不尽相同。图 7.35 所示为某发动机的机油温度/压力传感器安装在机油滤清器座上。

图 7.35　某发动机机油温度/压力传感器安装位置

（4）机油温度/压力传感器信号失效模式与检修

当该传感器失效时,ECU 检测不到机油温度、压力信号,会输出相关故障码,故障灯亮。其故障结果会使发动机功率下降或发动机停机。检修方法参照温度、压力传感器。

4. 位置类传感器

在柴油机电控系统中,位置传感器主要是发动机转速（曲轴转速）传感器和凸轮轴位置传感器,是电控发动机上用于检测发动机运行速度和凸轮轴位置的传感器,常用的有两种形式:电磁感应式和霍尔效应式。

1)电磁感应式发动机转速传感器

（1）作用

发动机转速传感器又称发动机曲轴传感器。在电控柴油机中,发动机转速传感器用于检测发动机曲轴的转速,ECU 根据此信号计算喷油量。

（2）结构原理

Bosch 共轨系统广泛采用电磁感应式曲轴位置传感器,通常有两个接线端子(第 3 个端子是增加的屏蔽线)。电磁感应式速度传感器内部有一电磁铁芯和磁线绕组,电磁铁芯产生电磁场,速度信号轮在旋转时切割磁场,在磁线绕组上产生交流信号,ECU 通过计量交流信号的频率即可计算出信号轮的转速,如图 7.36 所示。触发轮(或称信号盘)与曲轴同步旋转,在其外圆周加工了许多凸齿或凹齿。传感器固定在发动机机体上,磁铁芯与触发轮保持 $0.5 \sim 1.2$ mm 的间隙。当发动机旋转时,触发轮的轮齿顺序通过磁头,使磁隙不断发生变化,通过感应线圈的磁通也不断发生变化,从而在线圈的两端产生交变电动势。这些交流信号经过整形放大后,形成方波送入 ECU。为了让 ECU 根据传感器信号判断曲轴位置,还应在触发轮上对应着某一缸的上止点做一个或几个空缺齿。

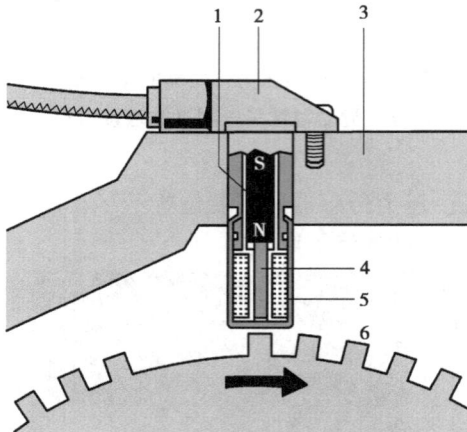

图 7.36　发动机转速传感器结构

1—永久磁铁;2—壳体;3—发动机机体;4—软磁铁芯;5—线圈绕组;
6—带定时记号的触发轮

（3）安装位置

发动机转速传感器一般安装在缸体上,或齿轮室处,或曲轴前端,或飞轮壳上,如图 7.37 所示。

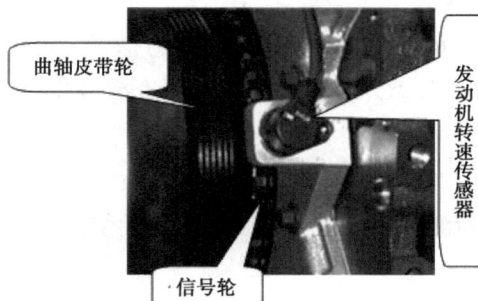

图 7.37　发动机转速传感器安装位置

（4）特性

①电磁式曲轴转速传感器不需要外加电源,永久磁铁起着将机械能转变为电能的作用,其电磁能不会损失;

②当发动机转速变化时,转子凸齿转动的速度将发生变化,铁芯中的磁通量变化率也随着发生变化;

③发动机转速越高,磁通量变化率也越大,线圈中的感应电动势也就越高,传感器输出的信号电压也随之升高。

（5）检修电磁感应式发动机转速传感器

①信号失效模式分析

当发动机转速传感器失效时,发动机起动困难或无法起动,故障灯亮。

②故障诊断及排除步骤

a. 外观检查

检查传感器安装状态是否符合要求（传感器与信号轮的标准间隙一般为 0.8~1.0 mm）;拆下传感器检查永久磁铁部位是否吸附有铁屑。

b. 外线路检查

参考图 7.38 所示电路,用万用表的电阻挡分别测量传感器线束端 01#、02#、03# 与 ECU 线束端 24#、25#、24# 对应端子之间的电阻值,判断外线路是否存在短路及断路故障。

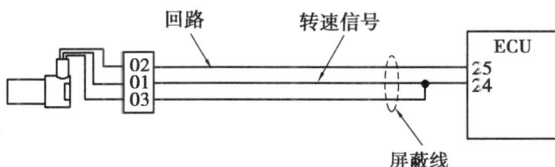

图 7.38　发动机转速传感器与 ECU 连接电路

c. 传感器功能检查

关闭点火开关,拔下发动机转速传感器插头,测量传感器端 01# 与 02# 端子间的电阻值（标准阻值如表 7.5 所示）,测量传感器端 02# 与 03# 端子间的电阻值（应趋于无穷大）,若所测电阻值不符合要求,则更换发动机转速传感器。

表 7.5　发动机转速传感器技术规范

扭矩=8 N·m		
温度/℃	温度/℉	电阻/Ω
−30	−22	688
20	68	860
50	122	963

传感器功能检查也可以通过测量信号电压的方式进行。插接好发动机转速传感器插头,起动发动机或发动机工作时,测量传感器端 01# 与 02# 端子之间的电压,正常应有脉冲信号输出。

若条件允许,还可以用故障检测仪测量发动机转速传感器输出波形。因波形所含的信息量丰富,发动机转速传感器的波形检测十分实用。

国产柴油机潍柴 WP7 曲轴转速传感器与 ECU 连接电路如图 7.39 所示。

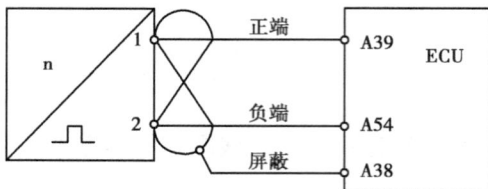

图 7.39　潍柴 WP7 曲轴转速传感器与 ECU 连接电路

检修方法如下:

a. 外观检查

● 检查传感器安装状态是否符合要求;

● 拆下传感器检查永久磁铁部位是否吸附有铁屑。

b. 外线路检查

参考电路图(图 7.39),用万用表的电阻挡分别测量传感器线束端 01#、02#端子与 ECU 线束端 A39、A54 对应端子之间的电阻值,判断外线路是否存在短路及断路故障。

c. 判断传感器是否被损坏

● 断开所有线束连接,测传感器两针脚间电阻,线圈电阻在 20 ℃时为(860±86) Ω;

● 让发动机运行,转速须不小于 50 r/min,用示波器测量两针脚输出波形。

2)电磁感应式凸轮轴位置传感器

(1)功用

凸轮轴位置传感器的功用是采集配气凸轮轴的位置信号,并输入 ECU,以便 ECU 识别第一个气缸压缩上止点,从而进行发动机各缸顺序喷油时刻控制。

(2)安装位置

电磁感应式凸轮轴位置传感器安装在供油泵凸轮轴上,或安装在凸轮轴驱动齿轮上,如图 7.40 所示。

图 7.40　凸轮轴位置传感器安装位置

(3)工作原理

磁力线穿过的路径为:永久磁铁 N 极→定子与转子间的气隙→转子凸齿→转子凸齿与定子磁头间的气隙→磁头→导磁板→永久磁铁 S 极。当信号转子旋转时,磁路中的气隙就会周期性地发生变化,磁路的磁阻和穿过信号线圈磁头的磁通量随之发生周期性变化。根据电磁感应原理,传感线圈中就会感应产生交变电动势,如图 7.41 所示。

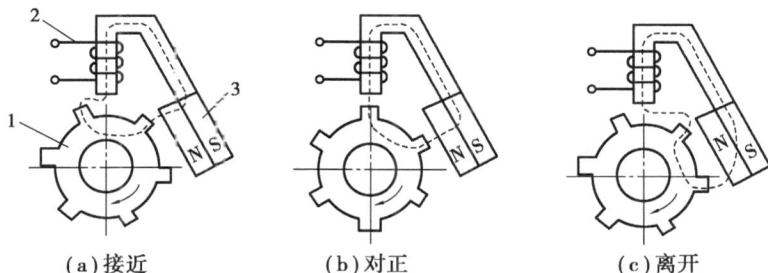

图 7.41　磁感应式凸轮轴位置传感器工作原理

1—信号转子;2—传感线圈;3—永久磁铁

（4）特性

凸轮轴位置传感器特性与发动机转速传感器特性相同。

（5）检修电磁感应式凸轮轴位置传感器

图 7.42 所示为康明斯某发动机凸轮轴位置传感器与 ECU 连接电路。该传感器的故障诊断与排除的方法、步骤同电磁感应式发动机转速传感器,在此不赘述。

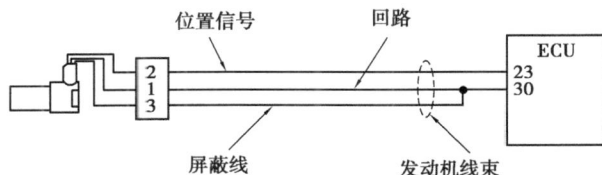

图 7.42　康明斯某发动机凸轮轴位置传感器与 ECU 连接电路

国产柴油机潍柴 WP7 凸轮轴转速传感器与 ECU 连接电路如图 7.43 所示,检测方法同潍柴 WP7 曲轴转速传感器。

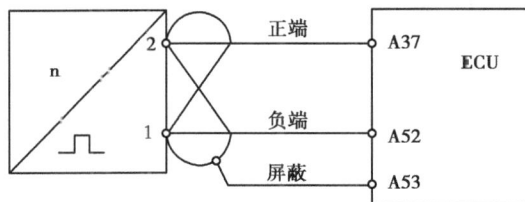

图 7.43　潍柴 WP7 凸轮轴转速传感器与 ECU 连接电路

3）霍尔效应式发动机转速传感器和凸轮轴位置传感器

目前部分发动机转速传感器和凸轮轴位置传感器采用霍尔效应式。霍尔效应式转速传感器内部有一个特殊的半导体,当金属物体接近此半导体时,其电阻会发生变化,通过传感器内部的电路输出信号电压。和磁绕组式转速传感器输出的模拟信号相比,霍尔效应式转速传感器输出的是更精确的数字信号,因此越来越多的机型开始采用霍尔效应式转速和位置传感器,如图 7.44 所示。

在速度信号轮上做出一个异形的齿轮或其他标记,转速传感器即可测出曲轴或凸轮轴的位置,所以转速传感器也可以是发动机位置传感器。通常将安装在凸轮轴上的传感器称为位置传感器,安装在曲轴上的传感器称为转速传感器。霍尔效应式转速和位置传感器无法通过测量电阻来检测,可以通过旋转发动机测量其输出信号电压的方法来判断其工作的好坏。在旋转发动机时,正常工作的霍尔效应式转速传感器的输出电压在 0 V 至 5 V 之间切换(0 V 和

5 V 为名义电压,实测电压一般比 0 V 稍高,比 5 V 稍低),且数值呈脉冲性变化。

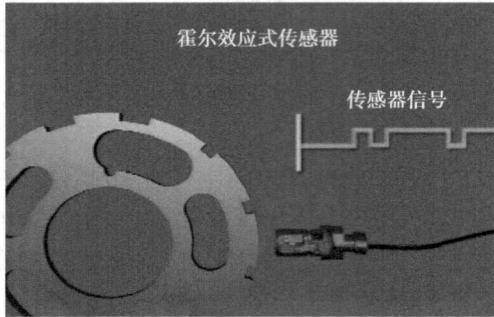

图7.44　霍尔效应式转速传感器示意图

二、开关

开关是控制系统中另外一类输入设备。和传感器不同,开关向 ECU 输入的是开关量,所以它通常用于向 ECU 输入驾驶员的操作指令。

根据控制电路的数量和结合位置的不同,开关可以分为单刀单掷开关(图7.45)、单刀双掷开关(图7.46)、双刀单掷开关等。

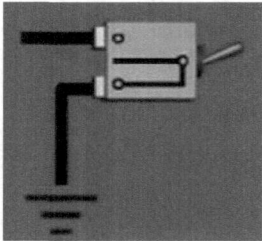

图7.45　单刀单掷开关

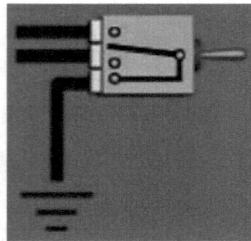

图7.46　单刀双掷开关

根据结合方式,开关又可以分为瞬态开关和常态开关。瞬态开关用于临时结合,如怠速调整开关。常态开关又分为常开开关和常闭开关。当系统不工作时,开关的结合状态即为区分的标准。图7.47 所示为康明斯某发动机部分开关电路图,电路图上显示的开关状态即为系统不工作时的状态,常开开关处在打开的位置,常闭开关处在关闭的位置。图7.48 所示为潍柴某国六机型部分开关电路图。

三、油门踏板

1.结构

在车用和工程机械用电控发动机上,传统的机械拉杆式油门被一个标准的 6 线式电子油门所取代,油门踏板和发动机之间不再有任何的机械连接,这样既提高了油门的响应速度和精度,也有利于整车的布置。图7.49 所示为某工程机械用六线式电子油门踏板,图7.50 所示为该油门踏板内部电路结构图。

远程油门ON/OFF开关	远程油门ON/OFF开关	<21
远程PTO ON/OFF开关	远程PTO ON/OFF开关	<24
两速轴杆开关	两速轴杆开关	<41
行车制动器开关	行车制动器开关	<80
油门联锁开关	油门联锁开关	<38
离合器开关	离合器开关	<62
空调（A/C）压力开关	空调压力开关	<23

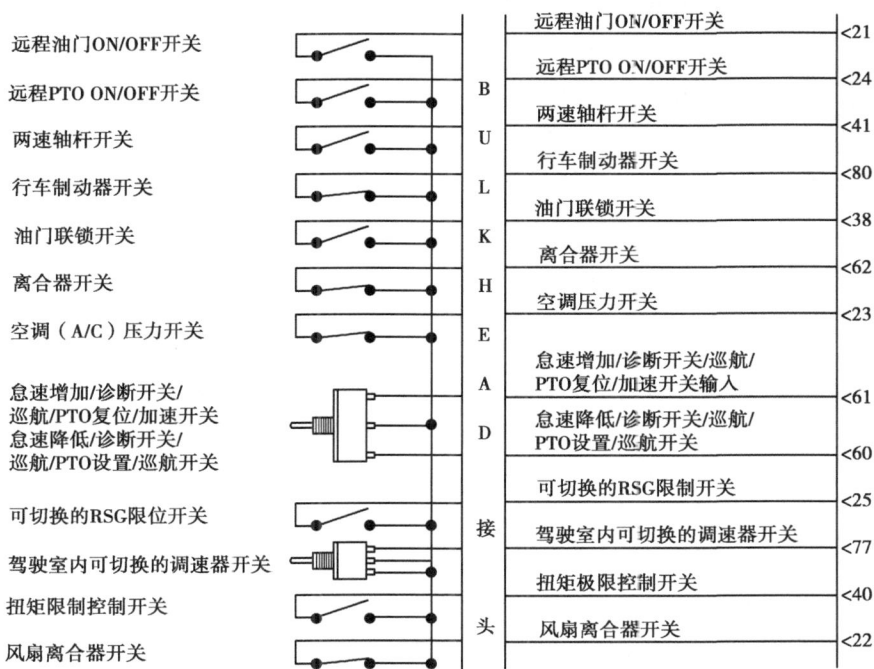

图 7.47　康明斯某发动机部分开关电路图

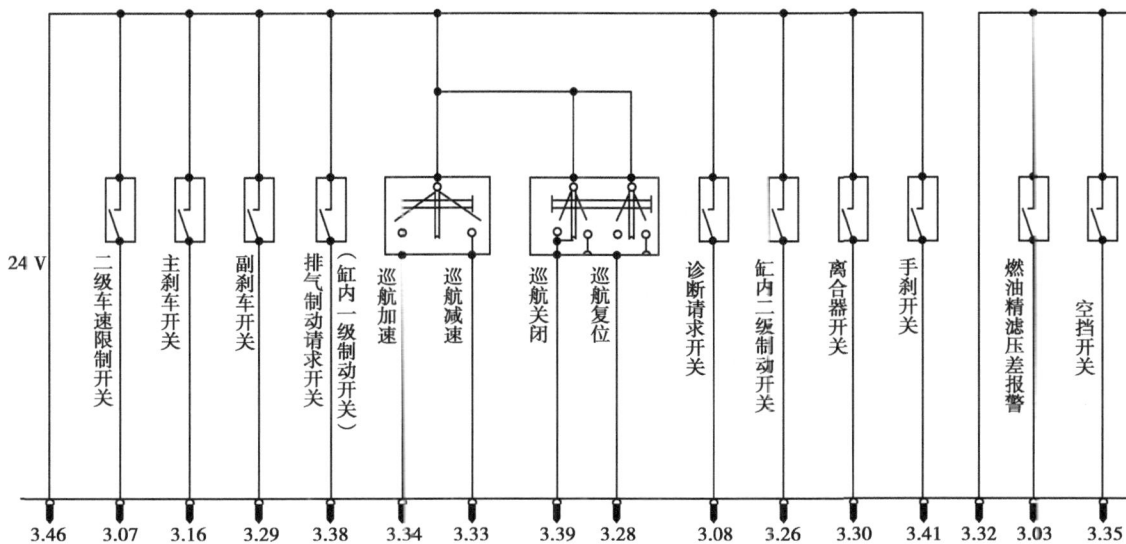

图 7.48　潍柴某国六机型部分开关电路图

149

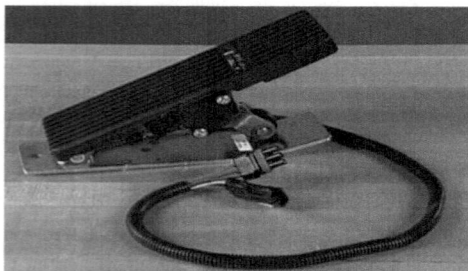

图 7.49　工程机械用电子油门踏板

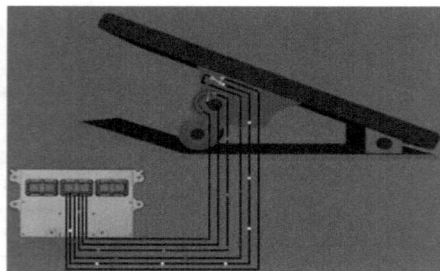

图 7.50　油门踏板内部电路结构

2. 功用

电控柴油机中,车辆的加速是由安装在加速踏板上的传感器获取加速信号,然后把加速信号传递到 ECU,由 ECU 操纵电控喷油泵调节喷油量来实现的。加速踏板位置的大小反映了柴油机负荷的大小,柴油机在转速一定时,进气量基本不变,而喷油量随负荷的大小而变化,负荷增大,喷油量就增大。

3. 工作原理

1）康明斯油门踏板

如图 7.51 所示,油门踏板内部由一个电位计(可变电阻)和一个单刀双掷开关组成。单刀双掷开关的作用是向 ECU 提供怠速和非怠速信号,所以此开关也叫怠速校验开关。在驾驶员踩与不踩油门时,此开关分别处在非怠速与怠速两个不同的接通位置,ECU 即可通过此开关的接通位置判断驾驶员是否已经踩下油门。

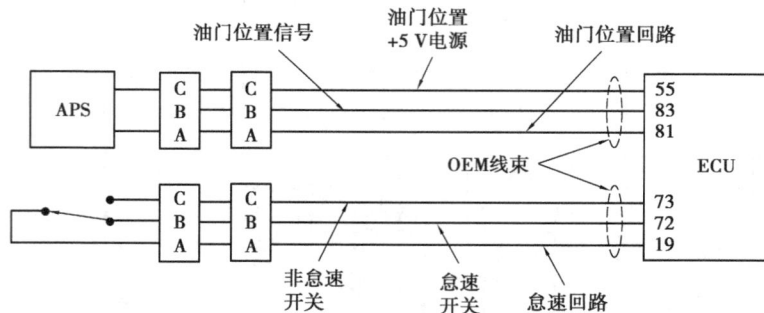

图 7.51　康明斯某机型加速踏板位置传感器与 ECU 连接电路

驾驶员踩下油门的深度,即油门踏板开启角度或油门信号,是通过一个电位计来提供的。此电位计的工作电压为 5 V,油门信号电压在略大于 0 V 和略小于 5 V 之间变化。ECU 根据此油门位置信号确定供油的数量。

2）潍柴双油门(远程油门)

对于某些特种车,需要用到远程油门控制发动机工作,如汽车在吊装时就是用另一个油门控制发动机工作的。图 7.52 所示为潍柴双油门与 ECU 的连接电路,开通双油门功能需要增加远程油门切换开关和远程油门。当此开关断开时,驾驶室油门有效;当接通此开关时,远程油门有效。远程油门与行车踏板参数一致,当远程油门有故障时,不会对驾驶室油门产生影响。两个加速踏板同步控制油门的开度,踏板 2 的电压是踏板 1 的两倍,任何一个有问题,都会引起油门失效。

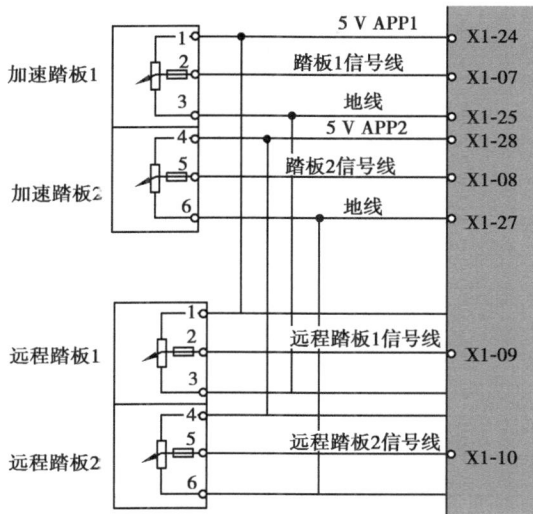

图 7.52　潍柴双油门与 ECU 连接电路

3)检修油门踏板(以康明斯油门踏板为例)

(1)外线路检查

参考图 7.51 电路图,用万用表的电阻挡分别测量加速踏板位置传感器各端子与对应的 ECU 端子之间的电阻值,以判断外线路是否存在短路及断路故障。

(2)传感器电压值测量

关闭点火开关,拔下加速油门踏板位置传感器插头,然后接通点火开关"ON",测量 APS 线束侧插头 C 端与 A 端搭铁之间的电压,应为 5 V。若电压不正常,则说明 ECU 有故障。

(3)怠速有效开关检测

在传感器侧分别测量怠速开关信号(B)端子、非怠速开关信号(C)端子与怠速回路(A)端子之间的导通情况。加速踏板完全放松时,怠速开关信号(B)端子与怠速回路(A)端子之间应导通,踩下加速踏板时应不导通;加速踏板踩下时,非怠速开关信号(C)端子与怠速回路(A)端子之间应导通,加速踏板放松时,应不导通。

(4)油门位置传感器电阻值测量

关闭点火开关,拔下 APS 传感器插头,测量油门位置传感器侧 C 端子与 A 端子之间的电阻,应为 2~3 kΩ;测量 B 端子与 A 端子(释放踏板)之间的电阻,应为 1.5~3 kΩ;测量 B 端子与 A 端子(踩下踏板)之间的电阻,应为 0.2~1.5 kΩ。

任务实施

任务一:图 7.53 所示为国产某国六机型曲轴转速传感器电路图,小组协作,写出该传感器的检修步骤。

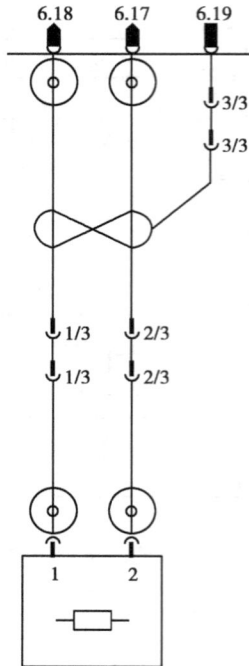

图 7.53　曲轴转速传感器电路图

任务二:图 7.54 所示为国产某国六机型油门踏板电路图,小组协作,写出该油门踏板的检修步骤。

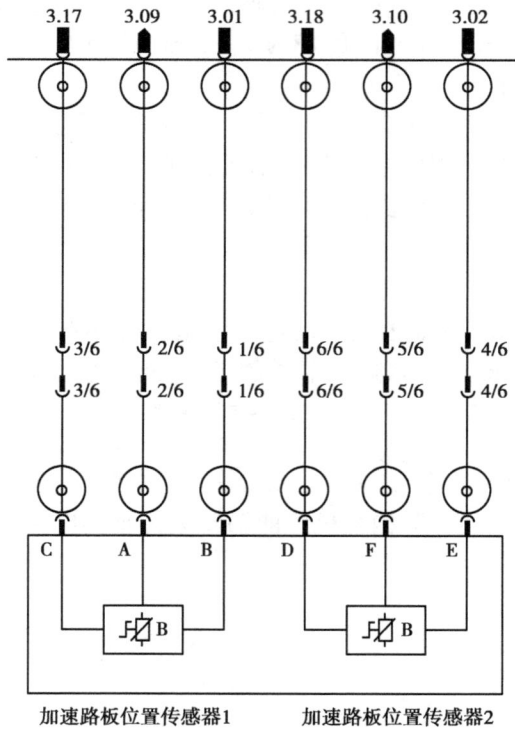

图 7.54　油门踏板电路图

学习活动四　执行器

学习过程

电控柴油机管理系统执行器的功用为执行 ECU 通过计算得出的各种控制指令。电控柴油机管理系统执行器主要包括喷油器电磁阀、燃油泵执行器(调压阀)、继电器、进气加热器、燃油加热器等。

一、喷油器电磁阀

1. 功用

ECU 操纵喷油器电磁阀以控制燃油计量和正时。每个喷油器电磁阀通过驱动导线和回路导线连接到 ECU。电脉冲信号从 ECU 上的驱动导线发送到喷油器,并在驱动电磁阀后返回 ECU 回路导线。每种电磁阀都是常闭型,仅在喷油和计量期间收到 ECU 的电脉冲时才开启。

2. 工作原理

喷油器电磁阀的工作原理如图 7.55 所示。

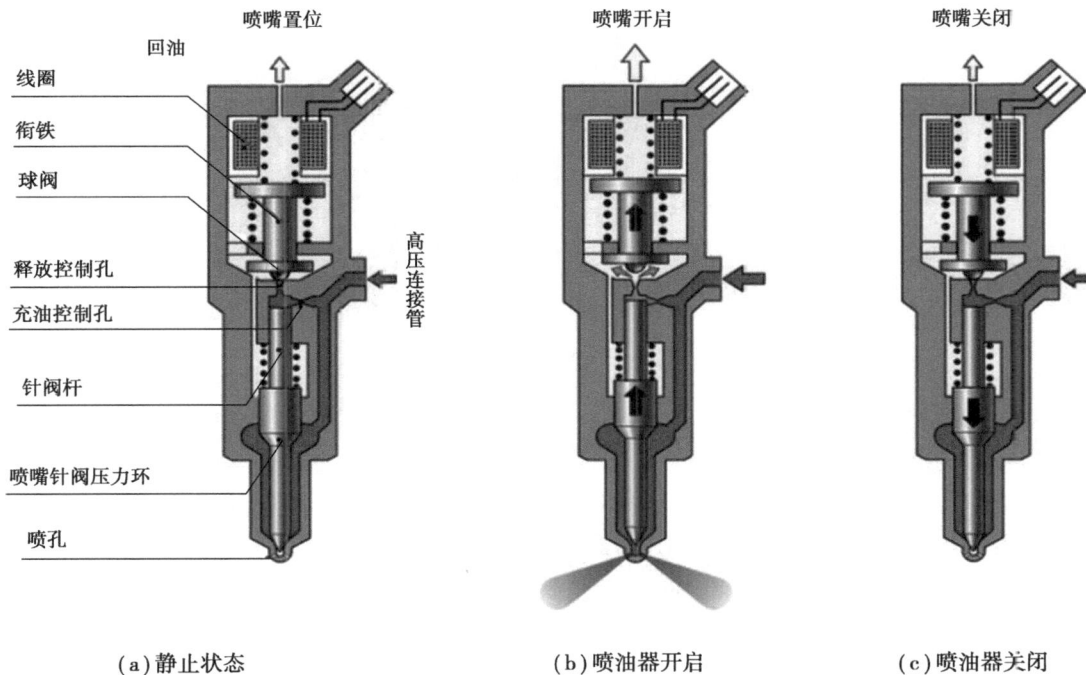

（a）静止状态　　　　　　　　（b）喷油器开启　　　　　　　　（c）喷油器关闭

图 7.55　喷油器电磁阀工作过程

（1）静止状态

电磁阀在静止状态不受控制,因此是关闭的,如图 7.55(a)所示。回油节流孔关闭时,电枢的球阀通过弹簧压在回油节流孔的座面上。控制室内建立共轨的高压,同样的压力也存在于喷油嘴的内腔容积中。共轨压力在控制柱塞端面上施加的力及喷油器调压弹簧的力大于作用在针阀承压面上的液压力,针阀处于关闭状态。

(2)喷油器开启(喷油开始)

当电磁阀通电后,在吸动电流的作用下,喷油器迅速开启,如图7.55(b)所示。当电磁铁的作用力大于弹簧的作用力时,回油节流孔开启,在极短时间内,升高的吸动电流成为较小的电磁阀保持电流。随着回油节流孔的打开,燃油从控制室流入上面的空腔,并经回油通道回流到油箱内,控制室内的压力下降,于是控制室内的压力小于喷油嘴内腔容积中的压力。控制室中作用力的减小引起作用在控制柱塞上的力减小,从而针阀开启,开始喷油。

针阀开启速度取决于进、回油节流孔之间的流量差。控制柱塞达到上限位置,并定位在进、回油节流孔之间。此时,喷油嘴完全打开,燃油在接近共轨压力的作用下喷入燃烧室。

(3)喷油器关闭(喷油结束)

电磁阀一旦断电不被触发,小弹簧的力会使电磁阀电枢下压,阀球将泄油孔关闭。泄油孔关闭后,燃油从进油孔进入阀控制室建立起油压,这个压力为油轨压力,轨道高压作用在控制柱塞端面上,轨道压力加上弹簧力大于喷嘴腔中的压力,使喷嘴针阀关闭,如图7.55(c)所示。

3. 安装位置

喷油器一般安装在气缸盖上,如图7.56所示。

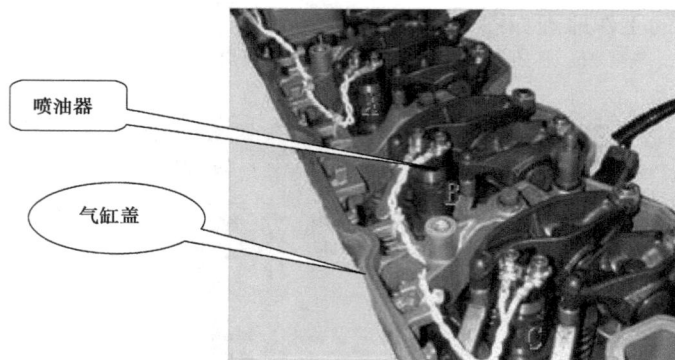

图7.56 喷油器安装位置

4. 检修喷油器电磁阀

1)信号失效模式分析

当喷油器控制电路失效时,发动机排气管冒黑烟,故障灯亮。引起此故障的可能原因包括喷油器损坏、电磁线圈及控制线路开路或短路,或电源电压故障。

①发动机无法起动。当燃油中的杂质过多,若有2支及以上的喷油器堵塞,喷油器回油量过大,导致发动机轨压在建立后出现回落现象,引起发动机无法起动。

②发动机抖动。若有一支喷油器堵塞,或者喷油器电磁阀线路与发动机金属磨损搭铁,或者某缸喷油器电磁阀与ECU连接断路,会造成发动机抖动且出现相应故障码。

③发动机飞车(极少)。若燃油中杂质过多导致喷孔堵塞,发动机高速运转时,燃油压力将喷头压掉,大量燃油进入燃烧室。

2)故障诊断及排除步骤(以康明斯发动机为例)

喷油器电磁阀与ECU连接电路如图7.57所示。

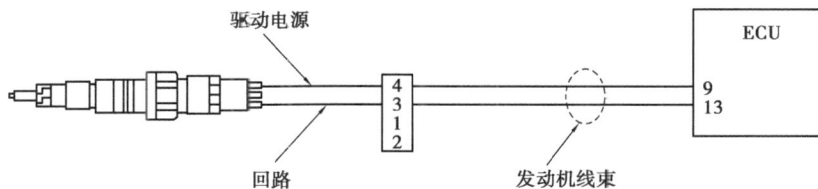

图 7.57　喷油器电磁阀与 ECU 连接电路

（1）外线路检查

用万用表的电阻挡分别测量传感器线束端 3#、4#端子与 ECU 线束端 9#、13#对应端子之间的电阻值，来判断外线路是否存在短路及断路故障。

（2）电磁阀工作电压检查

起动发动机情况下，喷油器电磁阀端子处应有 5 V 脉冲电压输入；或用试灯（须串连 300 Ω 左右的电阻）连接喷油器电磁阀两个端子，起动时试灯应时亮时灭。

（3）喷油器检查

①简单检查：用手触摸或用听诊器检查喷油器，应感觉到针阀有振动或听得到声音。

②喷油器电阻检查：关闭点火开关，拔下喷油器电磁阀插头，测量执行器端 3#与 4#端子间的电阻值（标准阻值小于 0.5 Ω），若不为标准阻值，则更换喷油器（减去万用表电阻以求得准确的电磁阀电阻）。

③喷油器油量检查：在专用设备上进行。要求喷油量为 50 ~ 70 mL/15 s，各缸喷油器的喷油量相差不超过 10%。

④喷油器滴漏检查：在专用设备上进行。喷油器停止喷油后，喷油器喷口在 1 min 内滴漏不能超过一滴。

如果出现故障，必须更换高压接头和喷油器。只要更换了喷油器，就要更换高压接头，如图 7.58 所示（注意：不要将接头固定螺母过度拧紧，否则可能造成接头旋接到接头匦定槽之外）。

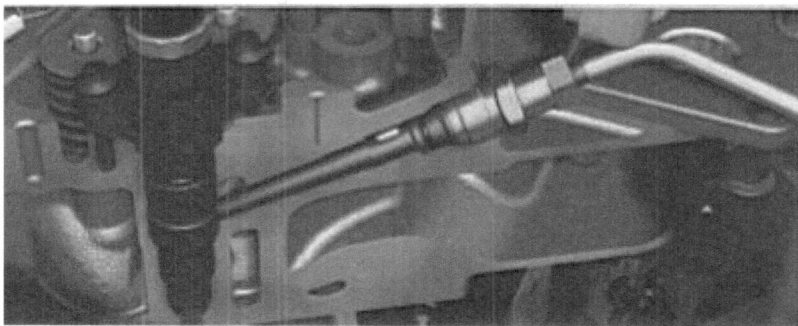

图 7.58　高压接头

二、燃油泵执行器（调压阀）

1. 功用

ECU 根据油门踏板位置传感器、凸轮轴位置传感器、曲轴位置传感器等传来的信号，确定高压共轨内燃油压力，通过调节燃油泵执行器（调压阀）控制共轨压力，然后由共轨压力传感器反馈信号,ECU 据此实现对共轨内的燃油压力闭环控制。

2. 安装位置

燃油泵执行器(调压阀)一般安装在高压油泵旁边或者共轨管上。国产发动机一般将之称为流量计量单元,如图 7.59 所示。康明斯发动机一般将之称为电子燃油控制执行器(EFC阀),如图 7.60 所示。

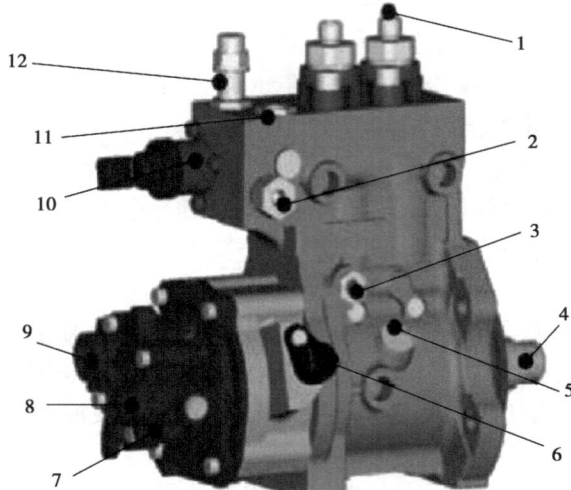

图 7.59　CPN 2.2 型高压油泵各接口与附件图

1—高压油出口;2—溢流阀;3—机油注口;4—凸轮轴;5—初始加油螺钉;6—凸轮相位传感器;
7—齿轮泵燃油入口;8—齿轮泵;9—齿轮泵燃油出口;10—计量单元;11—回油接口;12—燃油入口

图 7.60　电子燃油控制执行器安装位置

3. 结构原理

燃油泵执行器有两个调节回路:一个是低速电子调节回路,用于调整共轨中可变化的平均压力值;另一个是高速机械液压式调节回路,用以补偿高频压力波动。其工作原理如图7.61 所示。

(1)燃油泵执行器不工作时

燃油泵执行器不工作时,共轨或供油泵出口处的压力高于调压阀进口处的压力。由于无蓄电池的电磁铁不产生作用力,当燃油压力大于弹簧力时,调压阀打开,根据输油量的不同,打开程度大小也不同。弹簧的设计负荷约为 10 MPa。

(2)燃油泵执行器工作时

如果要提升高压回路中的压力,除了弹簧力,还需要再建立一个磁力。控制调压阀,直至磁力和弹簧力与高压压力之间达到平衡时才被关闭。然后调压阀停留在某个开启位置,保持压力不变。当供油泵改变,燃油经喷油器从高压部分流出时,通过不同的开度予以补偿。电磁铁的作用力与控制电流成正比。控制电流的变化通过脉宽调制来实现,调制频率为1 kHz 时,可以避免电枢的干扰运动和共轨中的压力波。

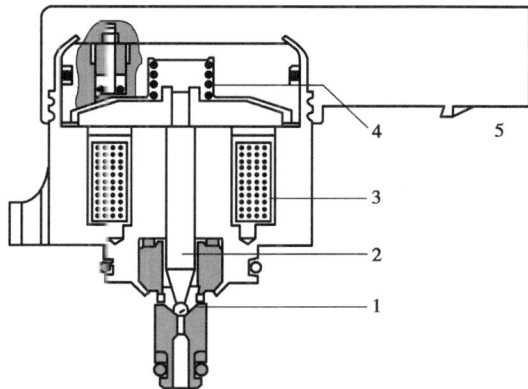

图 7.61 电子燃油控制执行器工作原理
1—球阀;2—衔铁销;3—电磁线圈;4—弹簧;5—电气接头

4.检修燃油泵执行器(调压阀)

1)信号失效模式分析

当燃油泵执行器失效时,发动机冷态时起动困难,故障灯点亮。引起此故障的可能原因包括电子燃油控制执行器损坏、线路开路、短路或电源电压故障。

2)故障诊断及排除步骤

图 7.62 所示为康明斯某发动机电子燃油控制执行器与 ECU 连接电路图。

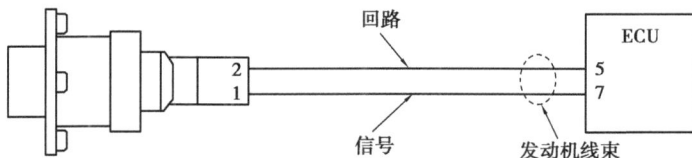

图 7.62 电子燃油控制执行器与 ECU 连接电路

(1)外线路检查

用万用表的电阻挡分别测量电子燃油控制执行器线束端 1#、2#端子与 ECM 线束端 5#、7#对应端子之间的电阻值,来判断线路是否存在短路及断路故障。

(2)电子燃油控制执行器阻值测量

关闭点火开关,拔下电子燃油控制执行器插头,测量电子燃油控制执行器 1#与 2#端子间的电阻值(标准阻值为 1.0~2.2 Ω),若不为标准阻值,则更换电子燃油控制执行器。

(3)听声音判断工作是否异常

电子燃油控制执行器在断电时关闭,切断低压油路与高压油路的联系,在通电时则打开。因此,点火开关在 ON 位置时,应能听见电子燃油控制阀发出清脆的"咔嗒"声,同时还应听到电子燃油控制执行器发出的连续不断的嗡鸣声,把手放上应能感到明显振动,否则更换电子燃油控制执行器。

三、继电器

1. 功用

电控柴油机中,继电器是一个非常重要的执行器,继电器能够实现小电流对大电流的控制。ECU 主要通过控制继电器来实现对执行元件电路通断的控制,进而控制执行元件是否工作。图 7.63 所示为潍柴某机型柴油机部分继电器电路图。

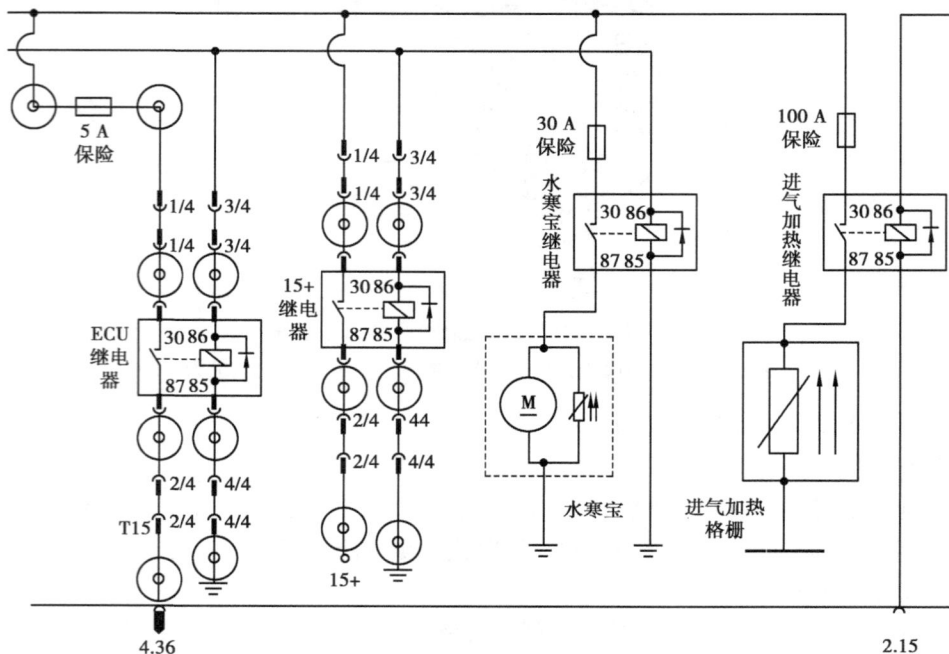

图 7.63　潍柴某机型柴油机部分继电器电路图

2. 安装位置

电控柴油机的继电器一般与保险集成安装在控制盒内。根据控制盒盖上的图示说明即可找到对应的继电器,图 7.64 所示为潍柴某机型柴油机控制盒图示。

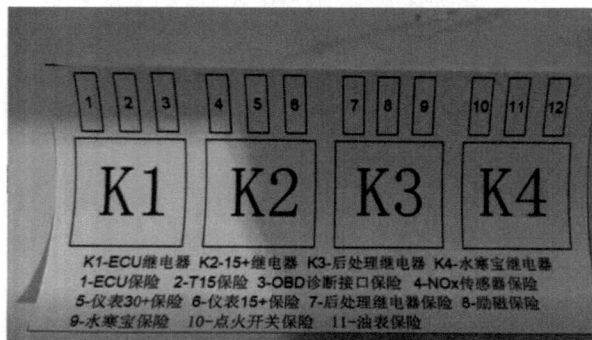

图 7.64　潍柴某机型柴油机控制盒图示

3. 检修方法

继电器实际就是一个由 ECU(或其他装置)控制的电路开关,检测时主要采用测量各端子间阻值的方式。图 7.65 所示为 JQ202S-KED 型继电器,以该继电器为例说明检修方法。

线圈通电时:30,87 接通,30,87a 断开;线圈断电时:30,87 断开,30,87a 接通。使用万用表电阻挡测电阻:85,86 之间的电阻约为 300 Ω;30,87 之间的电阻无穷大;30,87a 之间的电阻为 0。

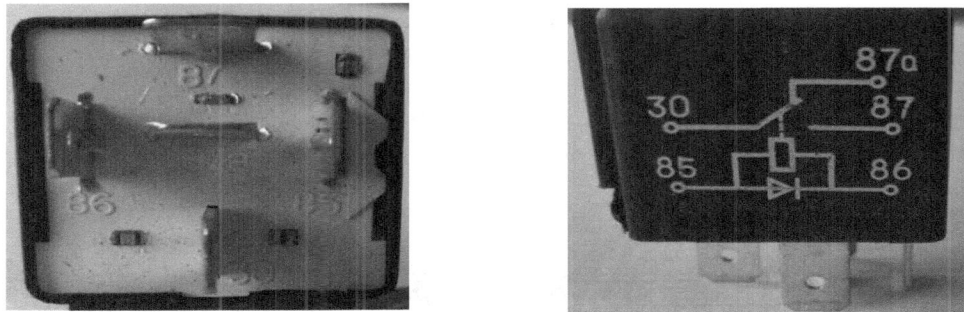

图 7.65　JQ202S-KED 型继电器

任务实施

小组协作,写出图 7.63 所示继电器的检修步骤。

步　骤	内　容

学习效果测评

学习任务八

检修柴油机后处理系统

◎相关应用场景讨论

情境一:某柴油机,使用故障诊断软件对其进行驻车再生时,再生无法进行。

情景二:车辆反馈尿素不消耗,使用故障诊断软件读取历史故障,存在"尿素泵转速不可信"故障。

作为柴油机售后维修人员,该如何排除以上故障?

◎知识目标

1. 掌握柴油机国六排放标准后处理技术路线;

2. 掌握后处理系统各元件的功用及工作原理。

◎技能目标

1. 能根据柴油机后处理系统针脚图正确使用万用表、专用测试导线等专用工具和故障诊断软件对后处理系统的故障进行检测和排除。

2. 能够完成适当的职场文件,记录所实施的检修结果。

◎价值引领

环境保护与社会责任:柴油机后处理系统能减少有害排放物,降低对环境的影响;国六排放标准对企业和社会的积极影响,让我们懂得遵守环保法规不仅是法律要求,更是企业和个人应有的道德责任。

学习活动一　柴油机后处理系统概述

学习过程

一、柴油机排放物

柴油机相较于汽油机而言,能输出更大的扭矩的同时具有更好的经济性,因而被广泛运用于交通运输、工程机械以及船舶等诸多领域。但随着柴油机保有量的不断增加,其引发的环境污染和能源消耗问题也逐渐凸显,引起人们的高度重视。柴油机主要排放污染物有一氧化碳(CO)、碳氢化合物(HC)、氮氧化合物(NO_x)、颗粒物(PM),如图8.1所示。

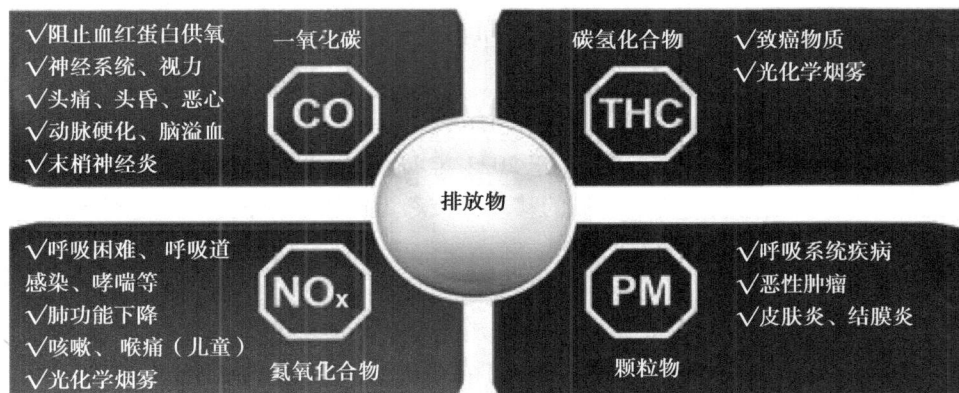

图8.1　柴油机污染物排放

中国移动源数据显示:2019年全国非道路移动机械 NO_x 排放量超过333.5万吨,约为机动车 NO_x 排放的52.5%,约占移动源 NO_x 排放总量的29.5%,在全国 NO_x 排放总量中占比为18.5%;颗粒物排放量超过17.4万吨,约为机动车颗粒物排放量的2.4倍,约占移动源颗粒物排放总量的55.4%。其中,工程机械和农业机械的 NO_x 和颗粒物排放基本相当。

柴油机排放的 NO_x 中绝大部分是NO,占总氮氧化物的90%左右。NO是气相物质,无色无味,具有轻度刺激性,当浓度增加到一定程度时,会引起中枢神经障碍,影响肺功能。NO在空气中的氧化比较缓慢,而在紫外线作用下迅速氧化成 NO_2。NO_2 是一种对人体有害的气体,呈褐色,会使地表的水酸化,还能使富含氮、磷元素的藻类大量繁殖,从而使水中氧含量减少,造成水体富营养化,使水体中对鱼类和其他水生生物有害的毒素含量增加。正常人吸入过量的 NO_2 会产生神经衰弱综合征及慢性呼吸道炎症,并可能昏厥。NO_x 在大气中反应生成硝酸,是酸雨的主要来源;NO_x 在阳光照射下会与HC反应形成光化学烟雾,这是一种浅蓝色有毒的烟雾,能使人眼睛刺痛、头晕及呕吐。光化学烟雾中所含的 O_3 是强氧化剂,会使植物枯死。

PM的成分很复杂,并具有较强的吸附能力,可以吸附各种金属粉尘、强致癌物苯并芘和病原微生物等。固体悬浮颗粒随呼吸进入人体肺部,以碰撞、扩散、沉积等方式滞留在呼吸道的不同部位,引起呼吸系统疾病。当悬浮颗粒积累到临界浓度时,便会激发形成恶性肿瘤。

CO是由于燃料燃烧中混合气的不均匀燃烧或燃烧中氧气含量不足而产生的,碳氢化合物燃烧后的最终产物是 CO_2，CO 属于中间产物。此外，在燃烧过程中，局部高温热分解也是 CO 生成的重要原因。CO 容易与人体血液中输送氧的载体血红蛋白结合，使人缺氧窒息，危及生命，即使 CO 的浓度很低，也能伤害神经系统的功能及视力。

HC 主要包含未完全燃烧生成的 HC、燃料供给系统泄漏产生的 HC 以及未燃燃料从燃烧室直接排出的 HC，有烷烃、烯烃、芳香烃、醛、酮、酸等数百种成分。HC 为燃料燃烧不充分所产生的排放物。

此外，我国石油对外的依存度每年逐渐增加，预计到 2040 年我国的石油安全供应将面临严峻的挑战。严峻的环境污染问题和不断加大的能源危机迫使人们不断地通过机内和机外措施去改进发动机的动力性、经济性和排放特性，以符合不断严格的排放法规和达到节能减排的目的。为此很多国家都制订了严格的尾气排放标准，等级越高，排放出来的尾气污染就越小。

对于非道路机械的工程机械，2020 年 12 月，生态环境部发布了《非道路移动机械用柴油机排气污染物排放限值及测量方法（中国第三、四阶段）》（GB 20891—2014）修改单和《非道路柴油移动机械污染物排放控制技术要求》（HJ 1014—2020），对 GB 20891—2014 标准中第四阶段的相关内容进行了修改和补充，并于 2022 年 12 月 1 日起全面实施。

非道路移动机械是指装配有发动机的移动机械和可运输工业设备，是用于非道路上的机械。非道路移动机械具有如下特点：

①自驱动或具有双重功能（既能自驱动，又能进行其他功能操作）；

②不能自驱动，但被设计成能够从一个地方移动或被移动到另一个地方的机械，包括但不限于工程机械（如挖掘机、推土机、压路机）和农业机械（如拖拉机、联合收割机）。

车用柴油机目前则采用"国六"排放标准。2021 年 5 月 26 日，生态环境部举行例行发布会通报，7 月起，我国将全面实施重型柴油车国六排放标准，标志着我国汽车排放标准全面进入国六时代，基本实现与欧美发达国家接轨。与国五标准相比，重型车国六氮氧化物和颗粒物限值分别降低 77% 和 67%。国六排放法规是目前世界上最严格的排放标准，将控制汽车尾气排放推向了一个新的高度。

"国六"全称为"国家第六阶段机动车污染物排放标准"，旨在贯彻《中华人民共和国环境保护法》《中华人民共和国大气污染防治法》，防治压燃式及气体燃料点燃式发动机汽车排气对环境的污染，保护生态环境，保障人体健康。国六排放标准包括《轻型汽车污染物排放限值及测量方法（中国第六阶段）》和《重型柴油车污染物排放限值及测量方法（中国第六阶段）》两部分。国六 A、B 两个阶段的排放限值如表 8.1 所示。

表 8.1　中国第六阶段排放限值

阶段	车辆类别	级别	NO_x /(g·km^{-1})	N_2O /(g·km^{-1})	PM /(g·km^{-1})	PN /(个·km^{-1})	CO /(g·km^{-1})	THC /(g·km^{-1})	NMHC /(g·km^{-1})
国 VIa	类别 1		0.06	0.02	0.004 5	6×10^{11}	0.500	0.10	0.068
	类别 2	I	0.06	0.02	0.004 5	6×10^{11}	0.500	0.10	0.068
		II	0.075	0.025	0.004 5	6×10^{11}	6.30	0.13	0.090
		III	0.082	0.03	0.004 5	6×10^{11}	0.740	0.16	0.108

阶段	车辆类别	级别	NO_x /(g·km⁻¹)	N_2O /(g·km⁻¹)	PM /(g·km⁻¹)	PN /(个·km⁻¹)	CO /(g·km⁻¹)	THC /(g·km⁻¹)	NMHC /(g·km⁻¹)
国 VIb	类别 1		0.035	0.02	0.003	$6×10^{11}$	0.500	0.05	0.035
	类别 2	I	0.035	0.02	0.003	$6×10^{11}$	0.500	0.05	0.035
		II	0.045	0.25	0.003	$6×10^{11}$	0.630	0.065	0.045
		III	0.050	0.03	0.003	$6×10^{11}$	0.674 0	0.08	0.055

二、柴油机后处理系统

1. 非道路柴油机"国四"后处理系统

非道路"国四"相关要求与柴油车"国五"要求基本相当,采用选择性催化还原装置(SCR)和颗粒捕集器(DPF)是主流技术路线,部分厂商还会采用柴油氧化催化器(DOC)和废气再循环(EGR)等辅助技术。这些技术在国五柴油车上已实现成熟应用,欧美非道路相应产品已在多年前供应市场。图 8.2 所示为某"国五"柴油车后处理技术路线。

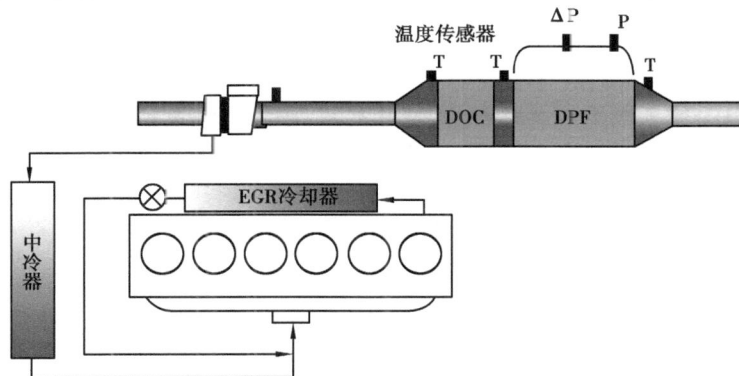

图 8.2 某"国五"柴油车后处理技术路线

从国三到国四,不同功率段非道路移动机械采用不同的排放控制技术。37 kW≤P<75 kW 功率段主要采用的技术路线是加装颗粒捕集器(DPF),75 kW≤P<130 kW 功率段主要采用的技术路线是加装氧化型催化转化器(DOC)+颗粒捕集器(DPF),130 kW≤P<560 kW 功率段主要采用的技术路线是加装氧化型催化转化器(DOC)+颗粒捕集器(DPF)+选择性催化还原装置(SCR)。37 kW 以下功率段的柴油机,技术上只需要进一步优化进气、燃油喷射系统即可。

2. 道路用柴油车"国六"后处理系统

为满足国六排放法规要求,学者及从业人员提出多种技术路线,目前主流的技术路线如图 8.3 所示:废气再循环系统(EGR)+氧化型催化转化器(DOC)+柴油颗粒捕捉器(DPF)+选择性催化还原转化器(SCR),下面介绍这几种排放后处理技术。

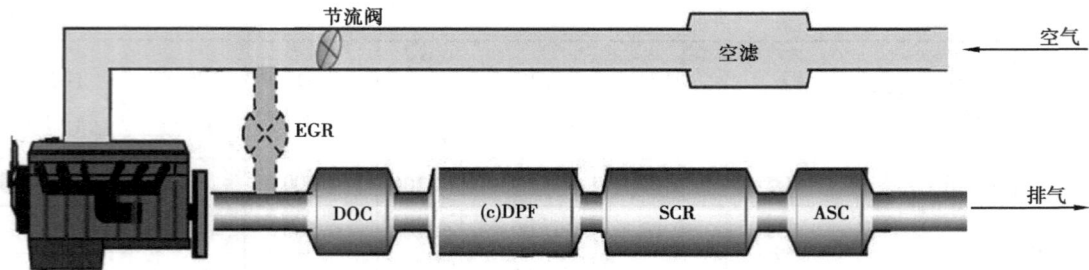

图 8.3 典型柴油车"国六"后处理技术路线

1)废气再循环(EGR)

废气再循环是在保证内燃机动力不降低的前提下,将一部分尾气引入进气系统中,和空气混合后一起进入汽缸参加燃烧,通过降低燃烧室燃烧的最高温度和氧气含量来降低 NO_x 的排放。EGR 降低 NO_x 的排放是通过电子控制单元完成的。电子控制单元(ECU)根据柴油机负荷、转速、冷却液温度传感器传来的信号及起动开关信号对 EGR 率和 EGR 时机进行控制,保证在对柴油机性能影响不大的条件下降低尾气中 NO_x 的排放。

2)氧化型催化器(DOC)

氧化型催化器(Diesel Oxidation Catalyst,DOC),是安装在发动机排气管路中,以铂(Pt)、钯(Pd)等贵金属作为催化剂,通过氧化反应,将废气中的一氧化碳(CO)和碳氢化合物(HC)转化成无害的水和二氧化碳(CO_2),其对 HC 和 CO 的处理效率可以分别达到88%和68%。DOC 的结构如图 8.4 所示,由 5 个部分组成,分别是入口端、外壳、石棉隔热层、载体及出口端,载体材料一般选用堇青石或陶瓷,呈蜂窝状,用于承载贵金属铂(Pt)、钯(Pd)。值得注意的是,催化器的工作温度在 $260 \sim 300 \ ℃$,正好和排气温度差不多。

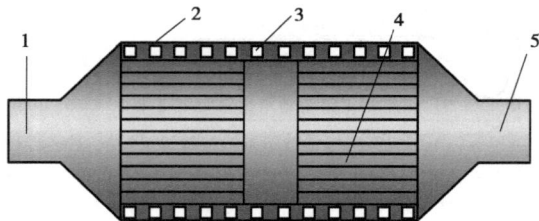

图 8.4 DOC 结构图

1—入口端;2—外壳;3—石棉隔热层;4—载体;5—出口端

DOC 内发生的主要化学反应如下:

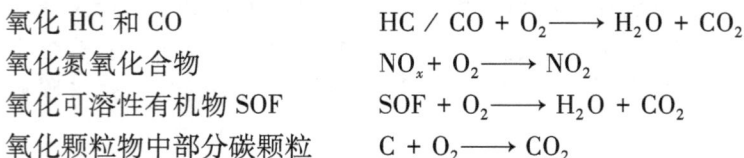

氧化 HC 和 CO $HC / CO + O_2 \longrightarrow H_2O + CO_2$

氧化氮氧化合物 $NO_x + O_2 \longrightarrow NO_2$

氧化可溶性有机物 SOF $SOF + O_2 \longrightarrow H_2O + CO_2$

氧化颗粒物中部分碳颗粒 $C + O_2 \longrightarrow CO_2$

DOC 不仅可以减少 CO 和 HC 的排放,在国六排放系统中还有至关重要的 3 个作用:

①将废气里的 NO 转化成 NO_2,当废气温度高于 $300 \ ℃$ 时,NO_2 可以参与颗粒捕集器(DPF)的被动再生,将颗粒物再生掉;

②将废气里的 NO 转化成 NO_2，NO_2 含量上升后，可以提升选择性催化还原(SCR)的转化效率；

③DOC 可以将后喷的柴油迅速氧化，实现 DPF 的主动再生。

3)颗粒捕集器(DPF)

柴油机碳烟微粒极易在高温、缺氧环境下生成。虽然柴油机的燃烧方式是稀薄富氧燃烧，但是可燃混合气是在燃烧前和燃烧的过程中形成的，混合时间极短，这就导致可燃混合气混合不均匀，局部缺氧严重。内燃机燃烧产生的最高温度达 2 000 ℃ 以上，而缺氧的燃料在高温高压环境下会发生裂解、脱氢，从而最后形成极小的碳烟粒子。这些碳烟颗粒物在降温过程中能吸附各种未燃烧的重质碳氢化合物以及其他凝聚物，进而形成柴油机的微粒物。柴油机的 PM 主要是由碳烟(Dry Soot,DS)、润滑油产生的有机可溶成分(Soluble Organic Fraction,SOF)、燃油产生的 SOF 和硫酸盐以及各种灰分，其中碳烟和 SOF 的量占绝大部分，通常能达到 65% 以上。

柴油机微粒捕集器(Diesel Particulate Filter,DPF)是目前公认的最有效的微粒处理装置，是柴油机满足国五及以上排放标准必备的后处理系统。DPF 能够减少发动机所产生的碳烟颗粒达 90% 以上。DPF 的结构如图 8.5 所示，其降低 PM 的排放运用的是物理捕集和再生过程。通俗地说，DPF 就是把排气中的碳颗粒先收集起来，到一定程度后集中处理掉，将排气污染物转化为无污染的气体。

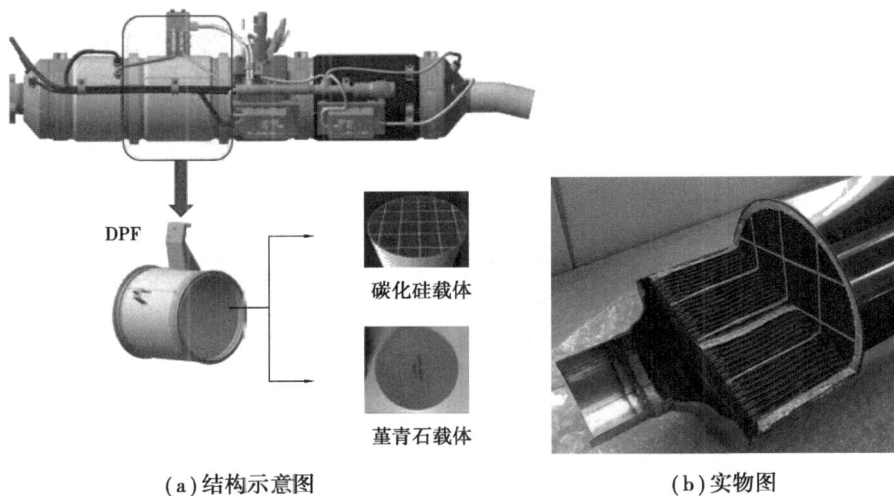

碳化硅载体

董青石载体

(a)结构示意图　　　　(b)实物图

图 8.5　DPF 结构示意图和实物图

(1)捕集过程

DPF 载体两端面上相邻的孔道交替封堵，其各个孔道内壁面为孔道极细的多孔介质，且两端的端口一端封堵，另一端开口。当发动机尾气从各个孔道入口进入时，由于通道末端被封堵，排气只能从多孔介质壁面流出，然后从相邻的孔道出口排出。而在排气流经多孔介质壁面的过程中，排气中所含的微粒沉积物被过滤下来留在通道内，该过程即为捕集过程。颗粒捕集持续发生，DPF 内颗粒会越积越多，最终堵塞 DPF，必须通过再生的方式清除碳颗粒。DPF 再生方式分被动再生、主动再生两种。

(2)被动再生

利用燃油添加剂或者催化剂来降低微粒的着火温度，使微粒能在正常的发动机排气温度下着火燃烧。添加剂(铈、铁、锶)要以一定的比例加到燃油中,添加剂过多会影响 DOC 的寿命,但是如果过少,就会导致再生延迟或再生温度升高。DOC 将排气中的部分 NO 催化氧化成 NO_2,利用 NO_2 的强氧化性,将 DPF 内沉积的碳烟微粒在较低温度(260~450 ℃)条件下氧化燃烧,以达到持续再生。被动再生过程如图 8.6 所示。此外,利用发动机在某大负荷工况下排气温度较高(通常能达到 500 ℃以上),使沉积在载体内部的碳烟微粒自行燃烧,达到再生的目的。该再生技术虽然不用额外消耗再生能量,但受限于发动机的工况,所以再生窗口较小,并不适合在城市中运行的车辆。

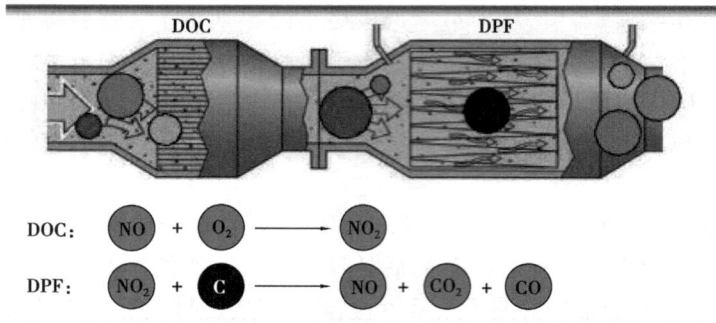

图 8.6 被动再生过程

(3)主动再生

所谓主动再生,是指依靠外部能量提高排气温度来达到微粒燃烧的温度,从而使微粒燃烧达到再生碳烟的目的。一般情况下,当温度传感器监测到排气温度提高到 550 ℃以上或 DPF 前的压差传感器监测到颗粒物过多要堵塞 DPF 时,主动再生会被激活。主动再生的主要方式有电加热再生、喷油辅助再生等,常用的是喷油辅助再生方式,如图 8.7 所示。

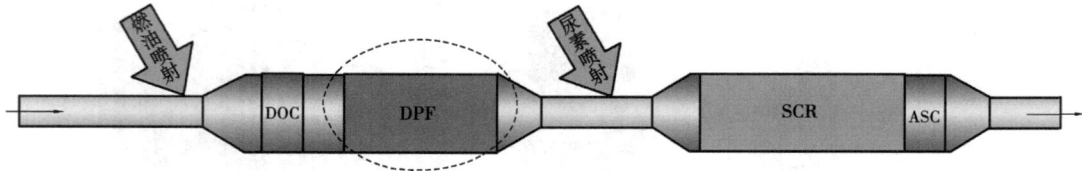

图 8.7 喷油辅助主动再生

每次主动再生完成后,DPF 内碳颗粒量会被重置,继续从零开始累积。主动再生包括行车再生、驻车再生和服务再生 3 种方式。

行车再生是被动再生的补充,在发动机正常运行过程中,ECU 自动判断条件,对废气中喷入柴油(喷油器后喷或 HC 喷射系统),进而将碳烟烧掉的过程;驻车再生为非理想状态,当碳烟质量达到设定限值时,需要用户将车停到合适的安全位置,手动按下开关,执行向废气中喷入柴油的操作,进而将碳烟烧掉的过程(约 40 分钟);服务再生同样为非理想状态(从安全角度考虑,是一种故障状态),是当碳烟质量达到设定限值时(大于驻车再生限值)触发的一种故障状态。此时需用户将车开往服务站,由服务站人员将 DPF 取出后放入专用设备(DPF 专用加热设备等,类似微波炉),在专用设备中将碳烟烧掉的过程。

4)选择性催化还原(SCR)

选择性催化还原(Selective Catalytic Reduction,SCR)是减少柴油机 NO_x 排放最有效的手段。SCR 的工作原理是用金属作为催化剂,NH_3 作为还原剂,通过催化还原反应把 NO_x 还原

成 N_2 和 H_2O,其中 NH_3 来源于尿素水溶液。SCR 系统工作的整个过程中包含一系列复杂的物理和化学反应,浓度为 32.5% 的尿素水溶液经喷嘴喷入管道后雾化,利用排气的温度将尿素溶液中的水分蒸发后,剩余的固态尿素发生水解和热解反应,从而产生 NH_3。具体反应如下:

①尿素水解,产生 NH_3

$$(NH_2)_2CO \xrightarrow{\text{吸热}} NH_3 + HCNO$$

$$HCNO + H_2O \xrightarrow{\text{吸热}} NH_3 + CO_2$$

②将 NO_x 催化还原为 N_2 和 H_2O

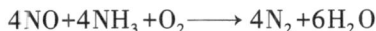

$$4NO + 4NH_3 + O_2 \longrightarrow 4N_2 + 6H_2O$$

$$2NO_2 + 2NO + 4NH_3 \longrightarrow 4N_2 + 6H_2O$$

SCR 系统由催化转化器、尿素泵、尿素罐、喷嘴、控制单元(DCU)、管路、传感器及线束构成。其组成如图 8.8 所示。

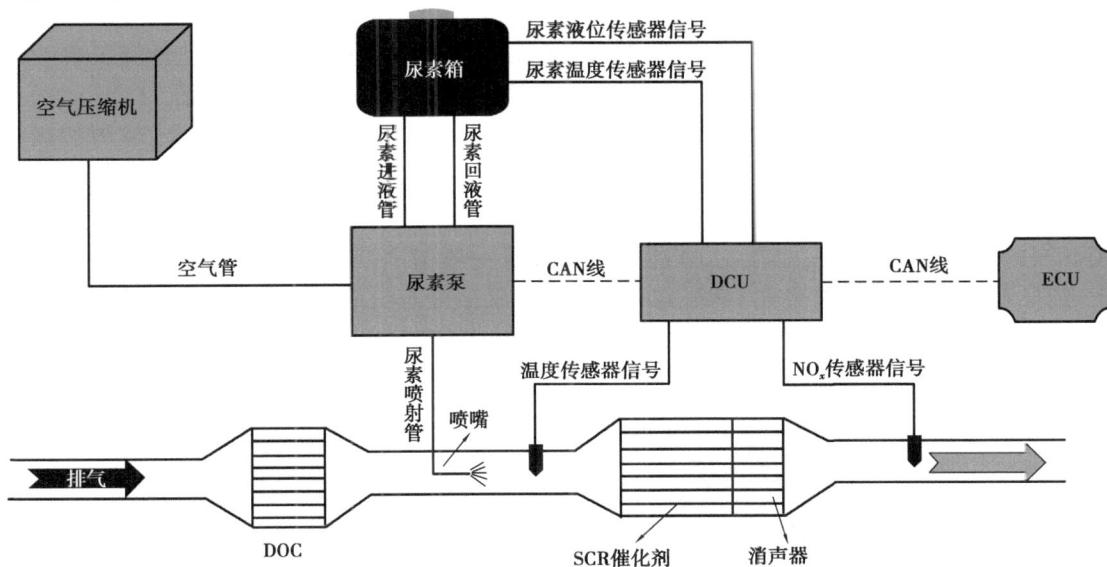

图 8.8　SCR 系统示意图

催化转化器是为 SCR 系统进行催化还原反应提供载体和催化剂的装置。一般而言,催化转化器也兼有噪声消声功能,所以又叫催化消声器,其外壳是不锈钢,由氨扩散器、催化转换器、消声器 3 部分组成,氨扩散器用于更好地使 NH_3 与尾气混合,催化转化器承载着 NO_x 转化发生的化学反应,消声器削减发动机及排气管的噪声。载体材料一般为堇青石。堇青石是一种硅酸盐矿物,具有较好的耐火性和较低的受热膨胀率。在堇青石表面涂覆有催化剂,目前国内外主流使用的催化剂有 3 种:钒基催化剂、铁沸石分子筛催化剂和铜沸石分子筛催化剂。V_2O_5-TiO_2 钒基催化剂由于其针对 NO_x 具有选择性好,高效温度窗口宽以及不易硫中毒的特点而被国内广泛使用。

尿素箱用于存储尿素溶液,其组成如图 8.9 所示。尿素罐上布置有多条管路,包括尿素吸取管、尿素回流管、加热水的进出水管。尿素管路用于连接尿素泵、尿素罐、喷嘴,使这三者形成循环回路。加热水的进出管路用于流经发动机冷却水,以此加热尿素溶液。同时,尿素罐还包括尿素液位和温度传感器,能将罐内尿素液位和温度信息准确传递给控制单元。

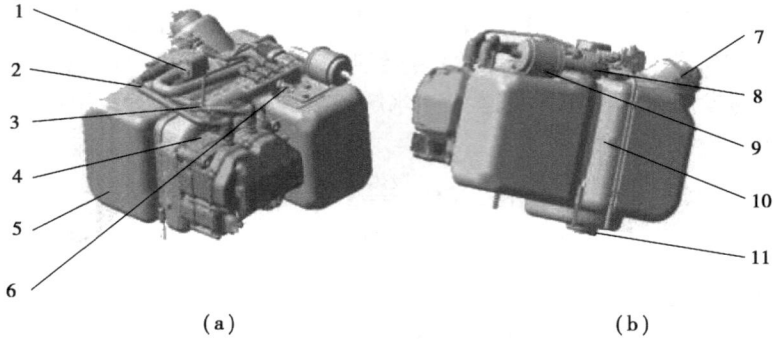

図 8.9　尿素箱及组成配件

1—液位品质传感器;2—尿素吸取管;3—尿素回流管;4—尿素泵;5—尿素箱;
6—环境温度传感器;7—尿素箱盖;8—水管;9—水滤清器;10—尿素箱捆带;11—放液螺塞

尿素喷射控制单元(Dosing Control Unite,DCU)通过 CAN 线和 NO$_x$ 传感器、发动机 ECU相连进行通信,获取发动机运行的状态参数,同时采集传感器信号,实时精确计算尿素喷射量,并把信号传给尿素泵,驱动尿素泵动作,将尿素送至喷嘴,喷入催化转化器。DCU 同时具备 OBD 诊断功能,当识别到故障时,DCU 通过 CAN 总线向 ECU 发送 OBD 信息,并将故障信息以代码的形式存储在电控单元中,同时激活仪表上的 OBD 故障灯,提醒驾驶员排查维修。

尿素泵是 SCR 系统的核心部件,其主要作用是将尿素溶液与压缩空气混合后经喷嘴喷出。尿素泵的组成及配件如图 8.10 所示。尿素泵一般与 DCU 集成在一起,安装在尿素箱上,尿素泵接收到 DCU 指令后,从尿素箱中抽取尿素溶液与压缩空气混合后经喷嘴喷入催化转化器前段管路,与发动机排气混合后进入催化转化器,净化排气。

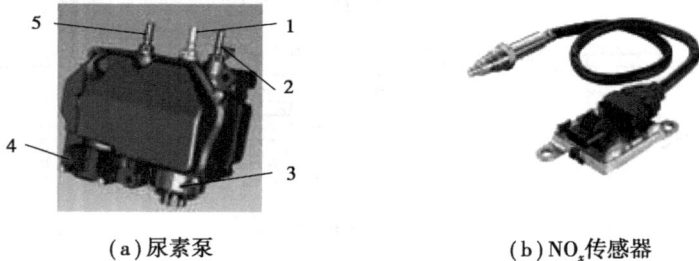

(a)尿素泵　　　　　　　　　(b)NO$_x$传感器

図 8.10　尿素泵组成及配件

1—回液口;2—喷射口;3—滤清器盖;4—电气接口;5—进液口

5)氨气氧化催化器(ASC)

氨气氧化催化器(Ammonia Slip Catalyst,ASC)一般安装在 SCR 后端。它在载体内壁使用贵金属等催化剂涂层,用于还原废气中的氨。ASC 通过催化氧化作用降低 SCR 后端排气中的氨(NH$_3$)。

3.潍柴"国六"后处理系统部分传感器

图 8.11 所示为潍柴柴油机国六后处理结构、核心零部件,共有 7 个传感器。分别为两个氮氧传感器、4 个温度传感器和一个压差传感器。

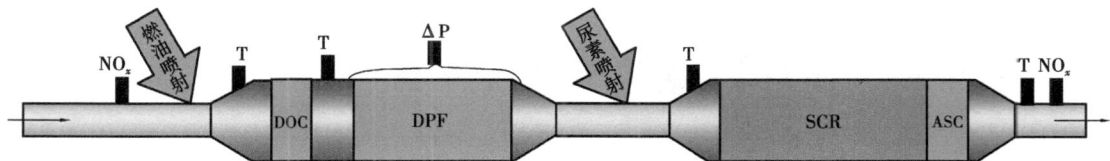

图 8.11　潍柴柴油机国六后处理结构、核心零部件

①氮氧传感器:共两个,左侧的为上游氮氧传感器,最右端出口处的为下游氮氧传感器。上游氮氧传感器将检测到的氮氧化合物浓度数据上传到 ECU,ECU 会根据数据控制 SCR 系统的尿素喷射量,从而降低氮氧化合物排放并实现 SCR 部件的 OBD 监控;下游氮氧传感器则监测 SCR 系统的工作状态,以及氮氧化合物排放是否合格,如果传感器检测到异常,就会对发动机限扭。

②温度传感器:共 4 个,从左至右依次为 DOC 上游排温传感器、DPF 上游排温传感器、SCR 上游排温传感器和 SCR 下游排温传感器,其主要功用为监测对应位置的排气温度。

③压差传感器:用于计算 DPF 捕集的碳载量。压差传感器利用压敏电阻单元测量 DPF 两端的压差,测量的数值用于计算颗粒捕捉器的负载情况,从而实现颗粒捕捉器再生的控制及节能减排。

任务实施

结合所学,查找相关资料,小组完成了解任意型号的道路用国产柴油机"国六"后处理技术路线、任意型号非道路机械"国四"后处理技术路线任务,并进行对比。

序　号	型　号	后处理技术路线	异同点
1	道路用国六		
2	非道路用国四		

学习活动二 柴油机后处理系统检修

学习过程

一、DOC 常见故障及检修

DOC 常见故障有堵塞、烧蚀等。分析清楚故障原因才能对症下药,检修也能事半功倍。

1. DOC 堵塞

积碳、硫化物会导致 DOC 堵塞、失效,不仅会造成尾气排放超标,还会因为无法通过还原反应给 DPF 提供热量,DPF 因温度过低再生不顺利而逐步恶化,连锁反应是 SCR 尿素结晶加快。故障图片如图 8.12 所示,造成 DOC 堵塞的原因和检修措施见表 8.2。

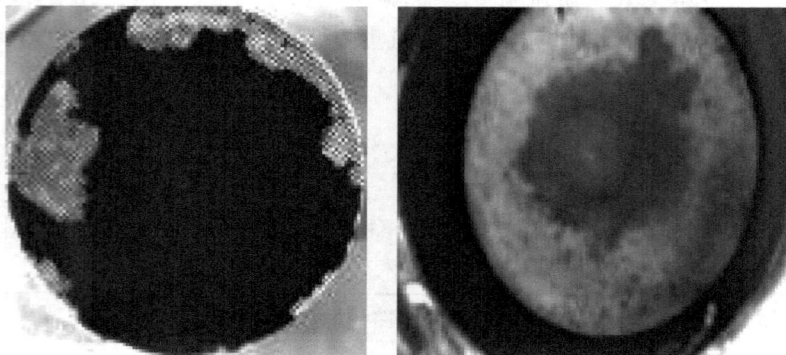

图 8.12 DOC 堵塞图片

表 8.2 造成 DOC 堵塞的原因和检修措施

故障原因	检修措施
(1)使用燃油质量差,杂质多; (2)进排气系统存在漏气、管路存在凹瘪等变形; (3)发动机长时间低转速高负荷工况运行,导致 SOF(有机可燃物)增加; (4)ECU 电控系统零部件出现故障; (5)后处理系统老化,催化效率下降; (6)发动机原始排放劣化,发动机机械零部件老化。	(1)使用合格的燃油; (2)检查进排气系统,查找并解决漏气点; (3)适当进行高转速中低负荷运行,增大后处理排温; (4)对电控零部件进行检查,查看装配情况,对比零部件性能情况; (5)检查判定后处理催化效率,对过低催化效率样件进行更换; (6)对发动机零部件老化状态进行检修。

2. DOC 烧蚀

烧蚀的发生一般是因为 DOC 堵塞后,排温升高导致爆燃产生的,此时需视情况更换 DOC。

二、DPF 常见故障及检修

DPF 捕集到的沉积物通常由 SOF(可溶性有机物)、可燃碳、难燃石墨碳、可分解硫化物、不可分解硫化物组成。在发动机正常工作温度下,DPF 被动再生和主动再生只能清除堵塞 DPF 的沉积物中的 SOF 和可燃碳,而对难燃石墨碳、可分解硫化物、不可分解硫化物则无能为力。随着运行时间的延长,DPF 中的沉积物逐渐以难燃石墨碳、可分解硫化物、不可分解硫化物为主,DPF 越来越难以通过被动再生和主动再生疏通堵塞。DPF 逐渐堵塞的同时,碳载量平衡点升高,当 DPF 碳载量过高时,还会发生频繁 OBD 报警限扭限速问题,发动机就难以正常运行了。故障图片如图 8.13 所示。

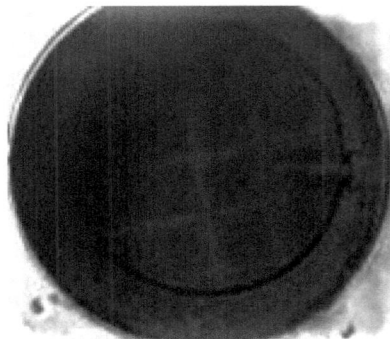

图 8.13　DPF 堵塞

1. DPF 堵塞与烧蚀

造成 DPF 堵塞与烧蚀的原因与 DOC 基本一致,检修措施也相同,此外要注意在检修安装过程中要对后处理器轻拿轻放,避免磕碰损伤。与 DOC 相比,DPF 还会出现主动再生功能失效的故障。造成 DPF 堵塞与烧蚀的原因和检修措施见表 8.3。

表 8.3　造成 DPF 堵塞与烧蚀的原因和检修措施

故障原因	检修措施
(1)使用不合格燃油等,导致 DOC 催化剂硫中毒等失效,催化及被动再生效率下降; (2)进排气系统存在漏气,导致进排气流量估算错误; (3)DPF 积碳过多,再生时温度过高导致烧蚀或者烧融; (4)再生时发动机转速及负荷过小; (5)再生禁止开关处于激活状态。	(1)使用合格的国六燃油。视情况更换 DOC; (2)检查进排气系统,查找并解决漏气点; (3)检查 DPF 状态,视情况更换 DPF; (4)在发现 DPF 再生指示灯亮时适当提高发动机转速及负荷; (5)检查再生禁止开关状态,关闭禁止再生功能。

2. 其他故障

除上述 DOC 和 DPF 故障外,二者还可能发生载体滑移、窜位、破损、断裂的现象,造成故障的原因一般是零部件质量问题。在进行载体的装配时预紧力过大压坏或是装配、转运问题,出现磕碰、摔落,这时都需要更换 DOC/DPF。

三、SCR 常见故障及检修

SCR 出现故障的形式和频率都较高,因为 SCR 系统相比于 DOC 和 DPF 要复杂得多。

1. SCR 系统压力低

造成 SCR 系统压力低的原因和检修措施见表 8.4。

表 8.4　SCR 系统压力低的原因和检修措施

故障原因	检修措施
SCR 系统进液管路堵塞,比如吸液管堵塞、液位传感器吸液口滤网堵塞、尿素泵入口滤网堵塞、尿素泵滤芯堵塞、尿素箱通气管堵塞、管路打折等。	(1)检查吸液管、液位传感器吸液口滤网、尿素泵入口滤网、尿素泵滤芯、尿素箱通气管是否堵塞并清洗; (2)检查吸液管路是否存在打折,调整管路走向或更换吸液管。

2. SCR 系统喷射压力高

SCR 系统喷射压力高的原因和检修措施见表 8.5。

表 8.5　SCR 系统喷射压力高的原因和检修措施

故障原因	检修措施
尿素喷射管路、喷嘴堵塞。	检查并清洗管路及喷嘴(从催化器上拆下喷嘴,管路保持连接状态,利用诊断仪检测喷嘴能否正常喷射,喷射压力为 5 bar 左右;喷嘴与管路脱离,检查是否有尿素液流出)。

3. 尿素浓度超上限/下限

尿素浓度超上限/下限的原因和检修措施见表 8.6。

表 8.6　尿素浓度超上限/下限的原因和检修措施

故障原因	检修措施
(1)加注尿素不合格,浓度不达标; (2)传感器表面有尿素析出物或杂质,影响监测结果; (3)传感器连接线路问题,短路或者断路; (4)传感器失效。	(1)更换合格尿素; (2)对尿素液位、浓度传感器用清水清洗,清洗尿素箱; (3)检查线路连接; (4)更换传感器。

4. SCR 尿素结晶

SCR 尿素结晶的原因和检修措施见表 8.7。

表 8.7　SCR 尿素结晶的原因和检修措施

故障原因	检修措施
(1)机械长时间处于低转速、低负荷工况; (2)尿素质量不达标,含有大量杂质; (3)喷嘴处存在泄漏点。	(1)增加高速、高负荷工况; (2)拆解后处理系统并清除结晶,结晶严重的,需更换后处理系统; (3)检查喷嘴装配可靠性,原则上喷嘴拆装一次需更换一次垫片。

5.尿素喷嘴卡滞

尿素喷嘴卡滞的原因和检修措施见表8.8。

表8.8　尿素喷嘴卡滞的原因和检修措施

故障原因	检修措施
喷嘴处存在异物或结晶。	检查尿素喷嘴是否有堵塞,是否存在结晶现象,根据检查结果清理异物或对喷嘴用热水浸泡清洗处理。

6.NO$_x$排放超标

NO$_x$排放超标的原因和检修措施见表8.9。

表8.9　NO$_x$排放超标的原因和检修措施

故障原因	检修措施
(1)采用劣质尿素; (2)未使用符合非道路国四的燃油或使用劣质燃油,引起催化器硫中毒,催化效率降低; (3)未按要求使用机油,导致SOF附着在催化剂上,使催化效率降低。	清洗或更换催化器,采用符合要求的尿素液、机油及燃油。

四、常用传感器的检修

后处理系统常用传感器的检修主要包括以下3方面内容。

①外观检查:检查传感器外观是否有黑色胶皮线束破损、内部电线破损、探头端电线断裂、探头磕碰、探头螺纹滑丝、接插件退针断针、进水腐蚀等情况;

②根据具体的电路图检查整车线束电压是否符合要求;

③使用故障诊断软件、专用线束等对传感器的功能进行检测,判断传感器是否能正常工作。

任务实施

结合所学,查找相关资料,小组完成图8.14所示上游排温传感器的检修,并详细列出检修步骤。

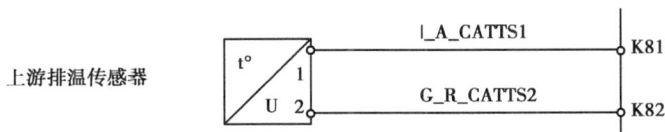

图8.14　上游排温传感器针脚图

检修步骤：

参考文献

［1］赵文坤,刘建岚.工程机械电控柴油机检修［M］.大连:大连海事大学出版社,2020.

［2］毛昆立.工程机械柴油机结构与检修［M］.北京:机械工业出版社,2021.

［3］王增林,李云峰.工程机械发动机构造与维修［M］.北京:电子工业出版社,2014.

［4］吴幼松.发动机构造与维修［M］.北京:人民交通出版社,2009.

［5］郭建梁,赵培全,赵洁.车用柴油机电控技术［M］.2 版.北京:机械工业出版社,2022.

［6］张青,宋世军,张瑞军,等.工程机械概论［M］.2 版.北京:化学工业出版社,2016.

［7］王强,李楷,孙兵凡.新能源汽车维护与故障诊断［M］.北京:机械工业出版社,2020.

［8］杜慧起,李晶华.新能源汽车动力电池技术［M］.北京:机械工业出版社,2021.